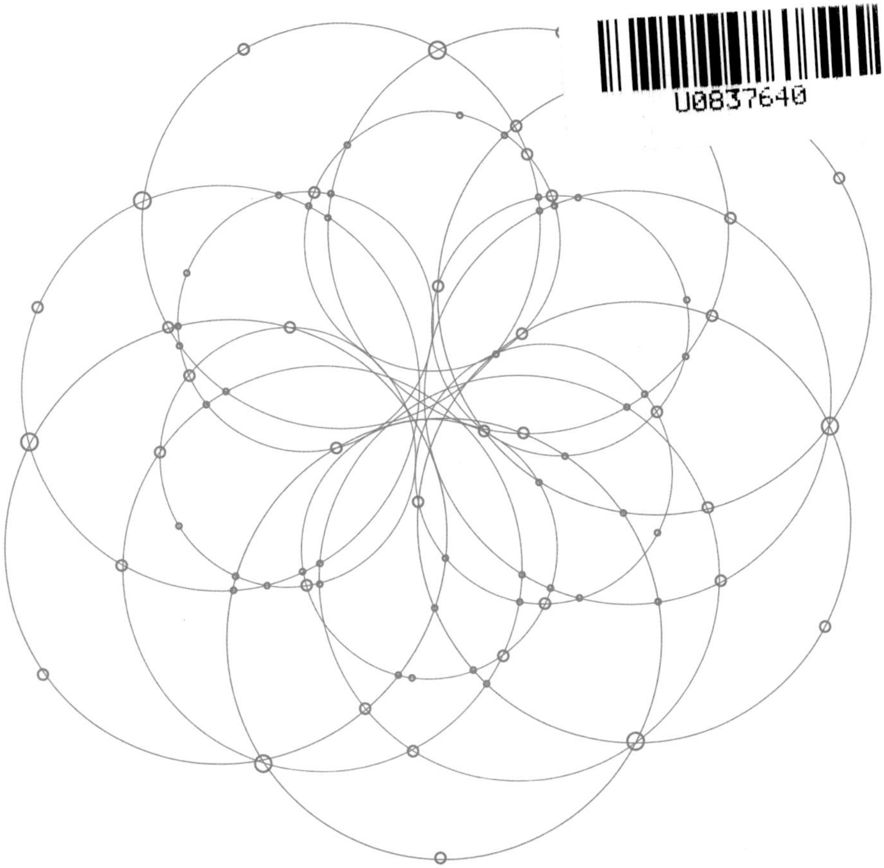

ROAMING THE UNIVERSE

漫步到宇宙尽头

李然◎作品

RAN LI WORKS

湖南科学技术出版社 博集天卷 CS-BOOKY

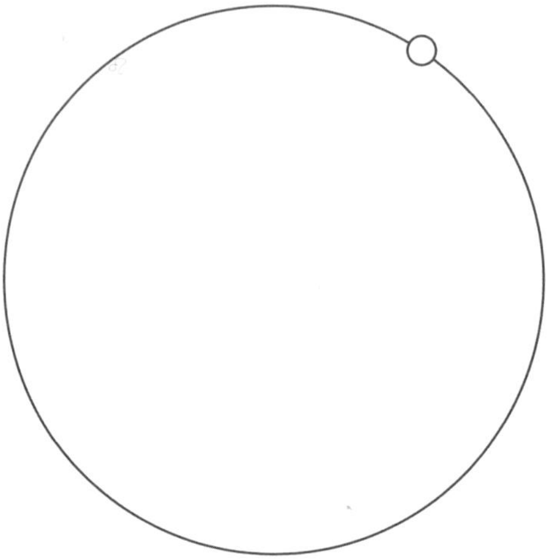

星星们高挂空中，
千万年一动不动，
彼此在遥遥相望，
满怀着爱的伤痛。
它们说着一种语言，
美丽悦耳，
含义无穷，
世界上的语言学家，
谁也没法将它听懂。
可我学过这种语言，
并且牢记在了心中，
供我学习用的语法，
就是我爱人的面容。

海涅《星星们高挂空中》

浩瀚空间

宛如无边大海

欲渡而不可得

图1.1 托勒密的地心说模型，地球、行星轨道示意图。行星在一个被称作本轮的小圆上运行，小圆又套在一个被称作均轮的大圆上运行。均轮的圆心用五角星代表，稍稍偏离地球

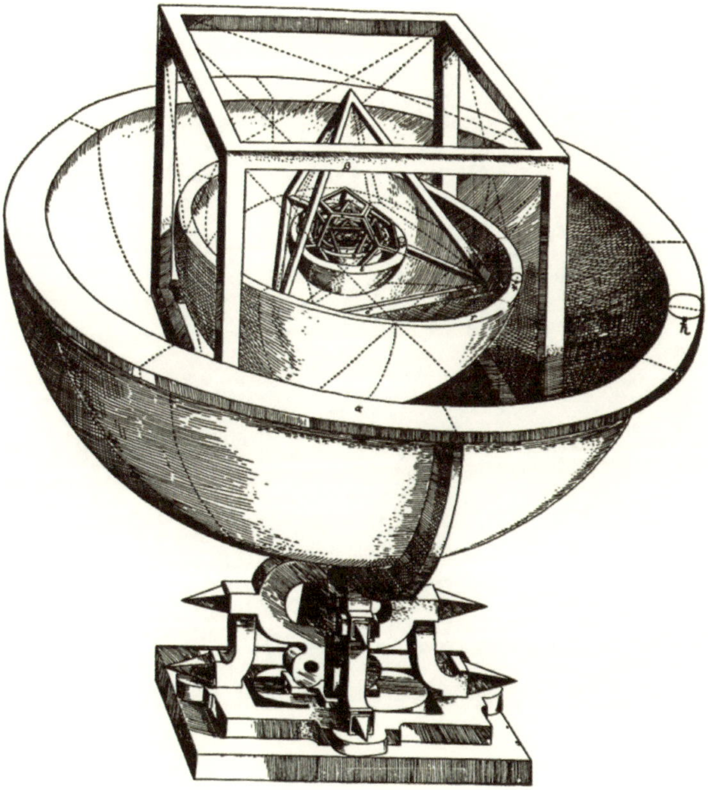

图1.2 开普勒最初的宇宙模型。水、金、地、火、木、土这6颗行星的轨道应该正好可以放入由5个层层嵌套的正多面体定义的轨道上。《宇宙的奥秘》（*Mysterium Cosmographicum* ）（1596）

图1.3 太阳系大行星位置示意图

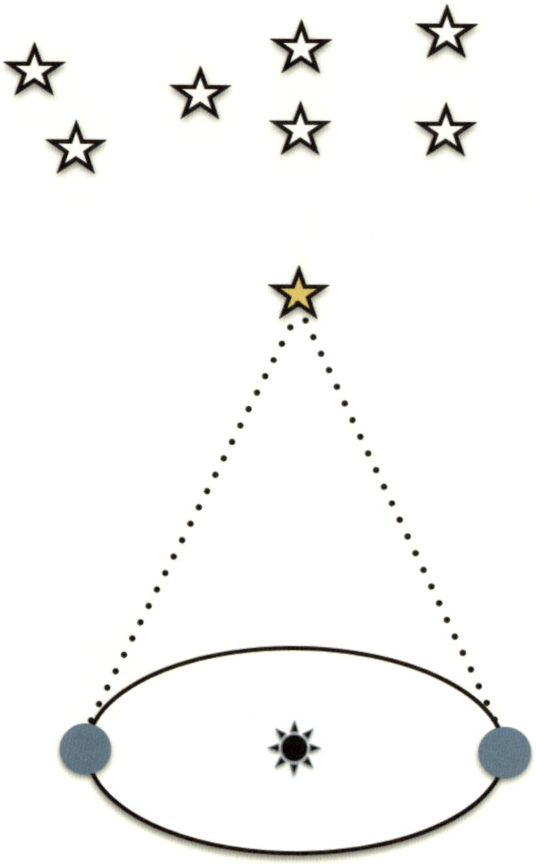

图2.1 三角视差法

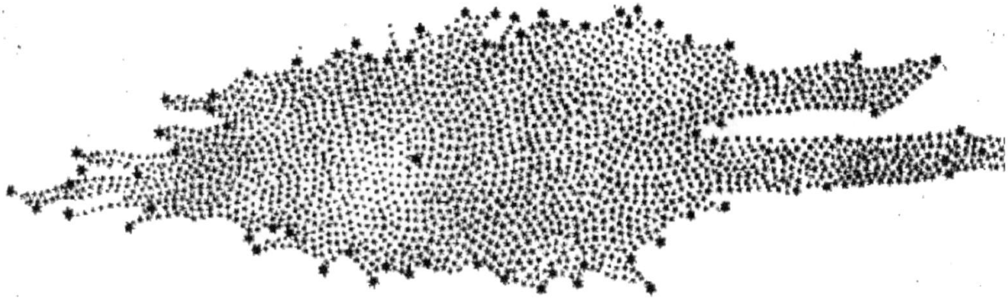

图2.2 赫歇尔绘制的银河系全图

图2.3 赫歇尔建造的最大望远镜

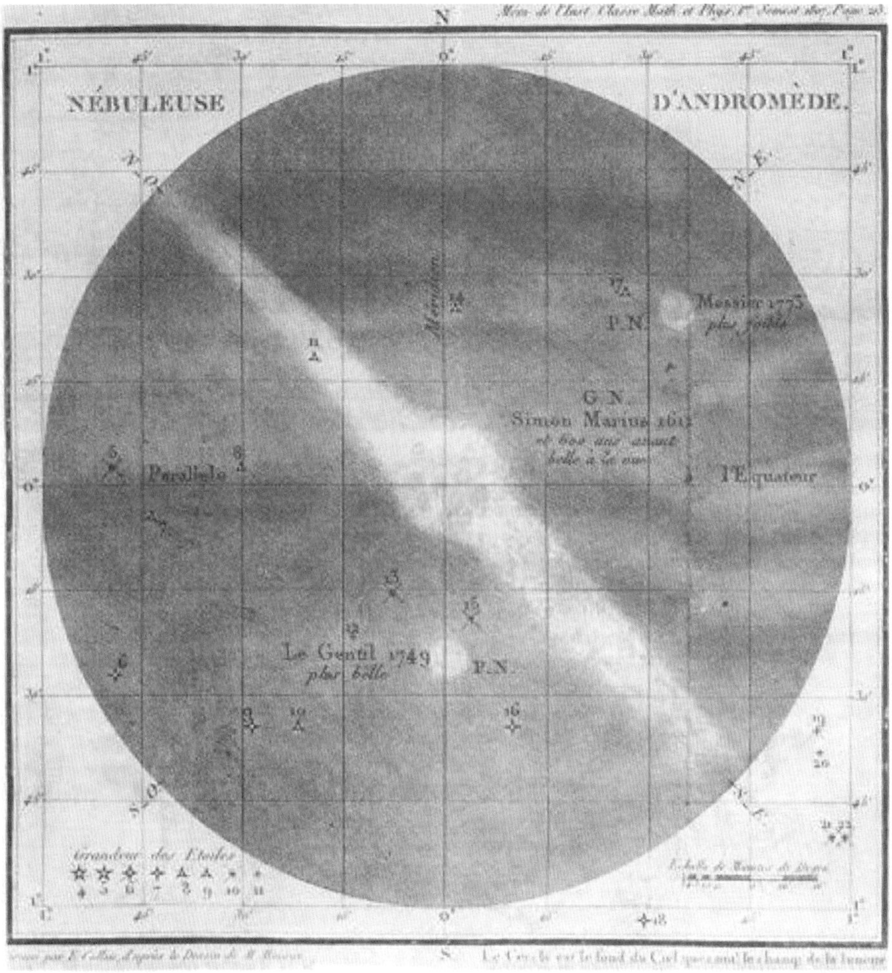

图2.4 18世纪天文学家梅西耶对仙女座大星云的素描

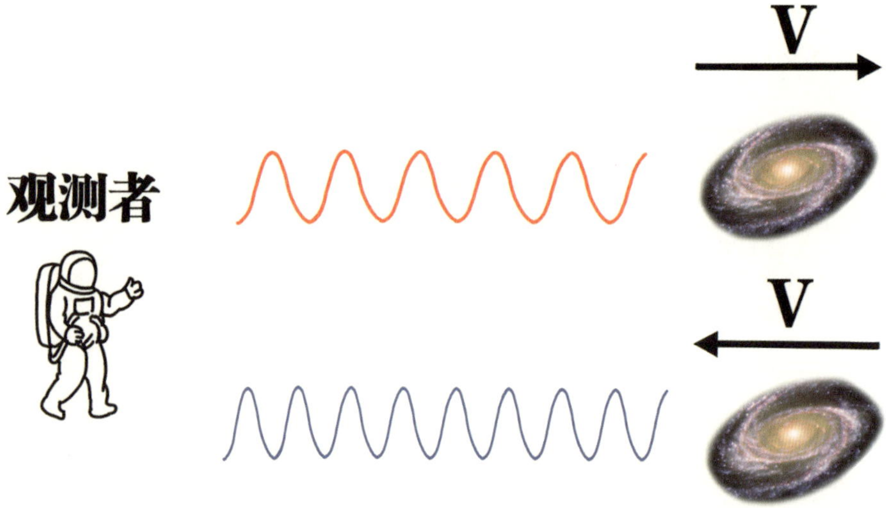

图3.1 星系的红移和蓝移示意图。当星系向观测者运动时，观测者接收到的星光频率会变高（蓝移），当星系远离观测者时，观测者接收到的星光频率会降低（红移）

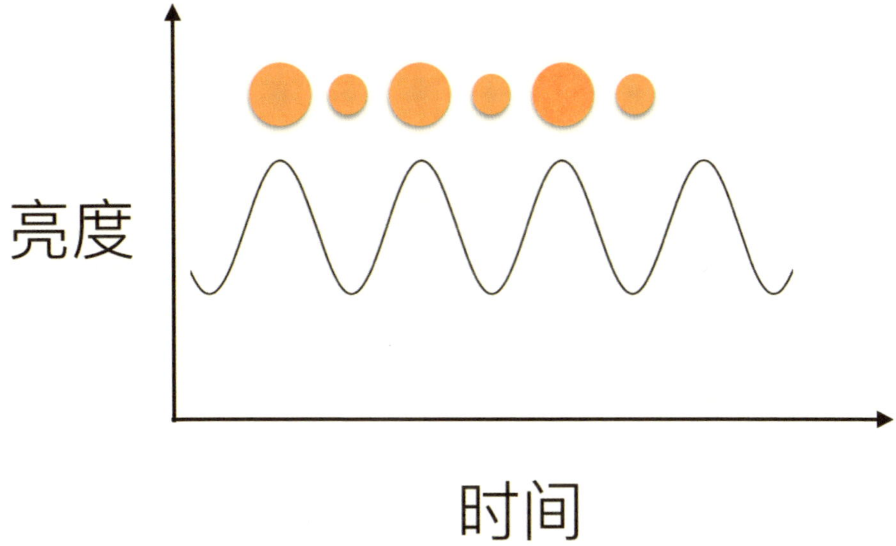

图3.2 造父变星是一种脉动天体，它的体积会周期性地变化。当造父变星变大时，就会显得更亮。而越亮的造父变星，光变周期也越长

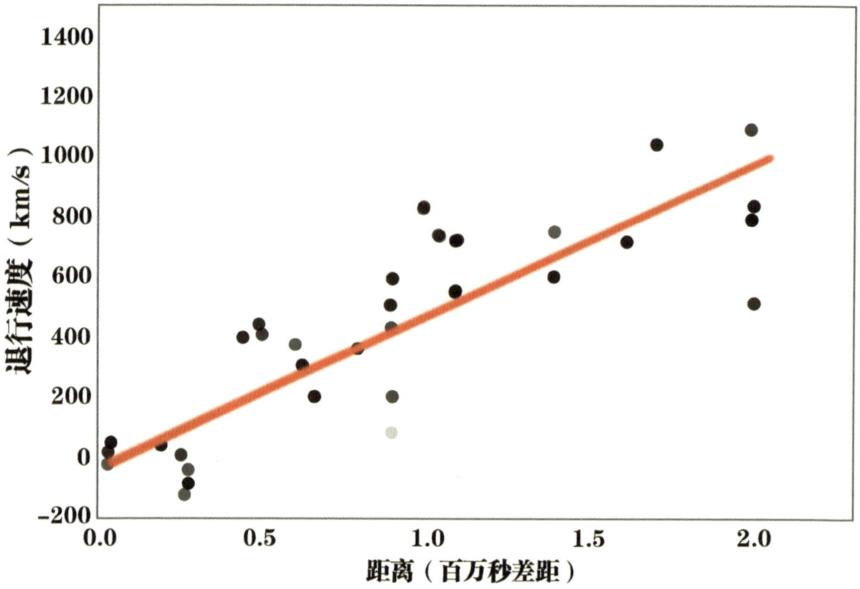

图3.3 1929年哈勃得到的红移－距离关系。图中每一个实心点代表一个河外星系，横坐标表示星系的距离，纵坐标表示星系远离地球的速度。（秒差距是一种天文单位，一秒差距等于3.26光年。秒差距的单位是pc，本书中百万秒差距有时写作Mpc。）Hubble Edwin，1929，PNAS，15，168

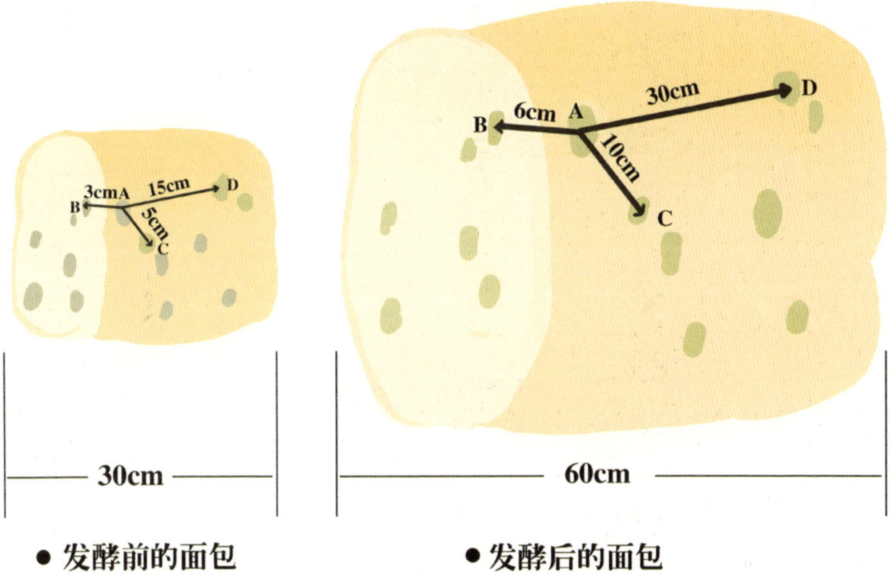

图3.4 我们可以把宇宙空间想象成一块巨大的面包，而星系是这块面包上的葡萄干。当面包在烘烤过程中膨胀时，葡萄干就会随着面包的膨胀远离彼此。在最初相距越远的葡萄干，在膨胀的过程中远离彼此的速度也就越快

图5.1 斯隆数字巡天拍摄的Coma星系团图片。adam block/mount lemmon sky center/university of arizona

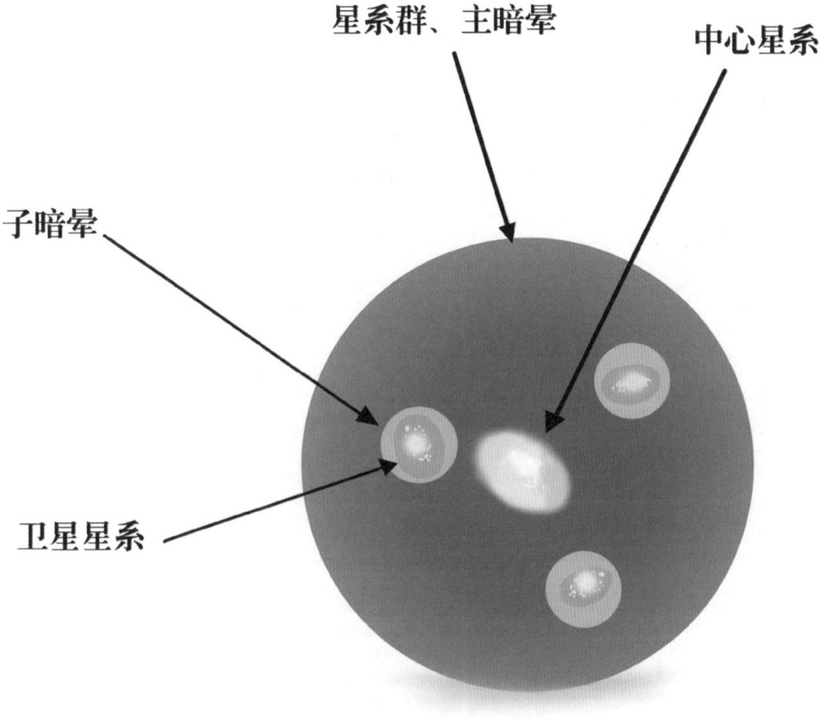

图5.2 暗晕和星系团关系示意图。一个星系团中可以包含上百个星系，其中最大的一个被称作中心星系，位于暗晕的中心，其他的星系被称作卫星星系，环绕暗晕中心运动。每一个卫星星系都包裹在一个较小的暗晕中。整个星系团系统被一个巨大的暗晕包裹

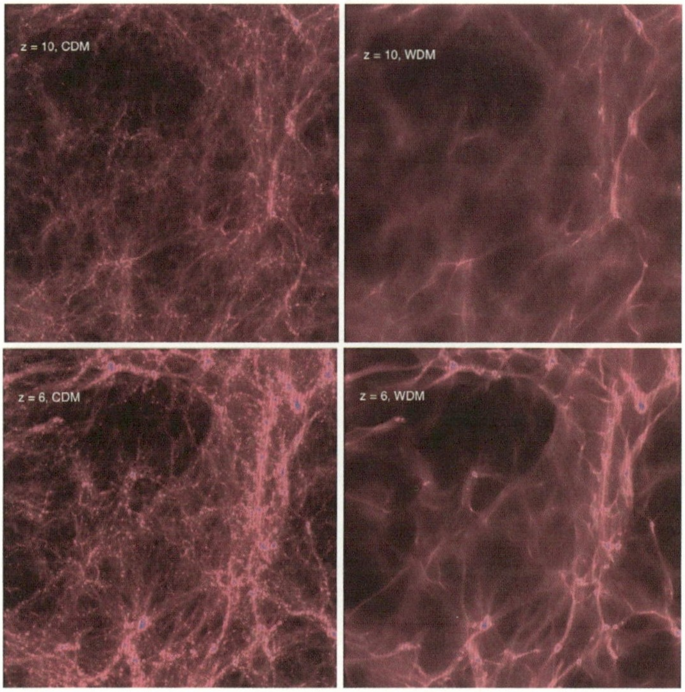
z = 10, CDM
z = 10, WDM
z = 6, CDM
z = 6, WDM

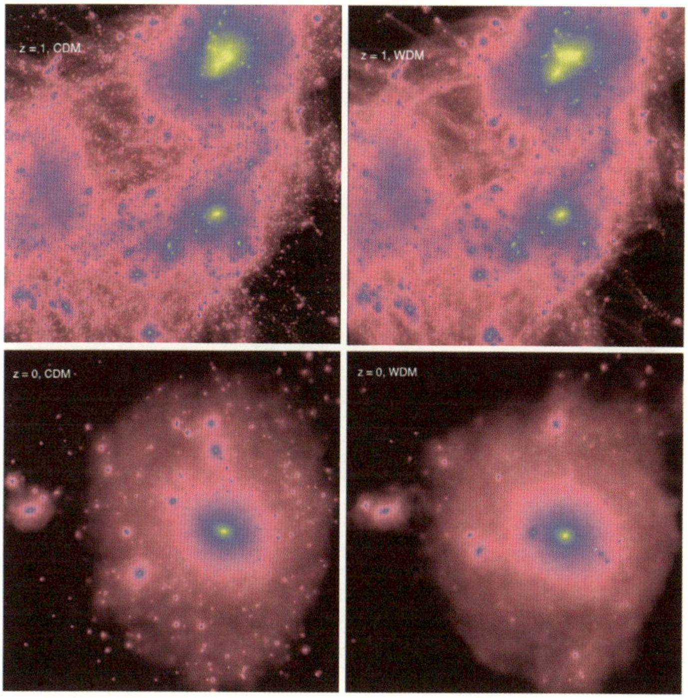

图5.3 冷暗物质宇宙（左）和温暗物质宇宙（右）数值模拟中形成的暗晕。可以看到温暗物质数值模拟中小的暗物质团块的数目明显减少。Bose et al. 2016，MNRAS，455，318

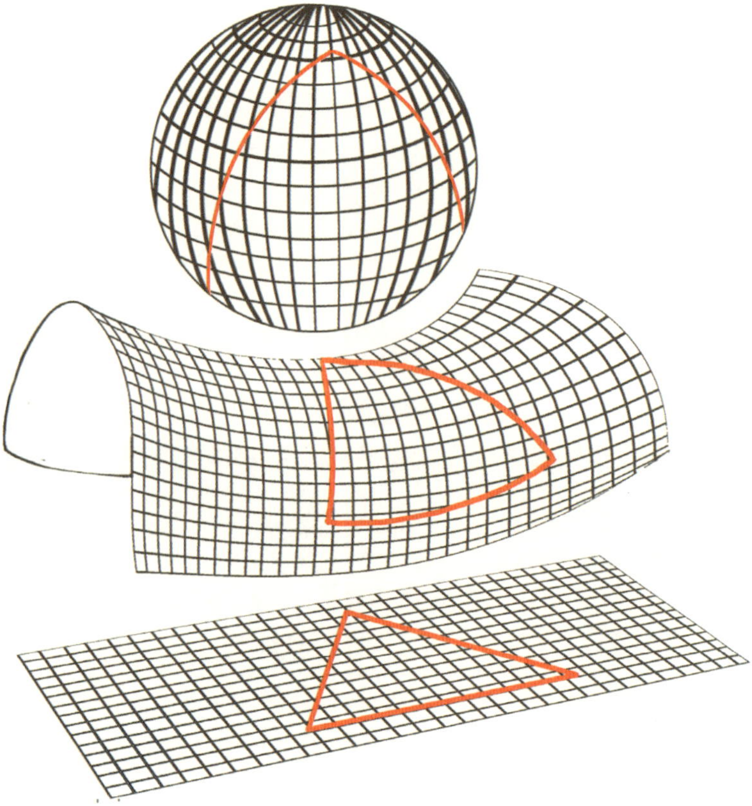

图6.1 宇宙弯曲的3种不同情况。从上到下分别是正曲率的宇宙、负曲率的宇宙和平直的宇宙。这里我们已经省去了一个维度，所以宇宙空间表现为一个曲面

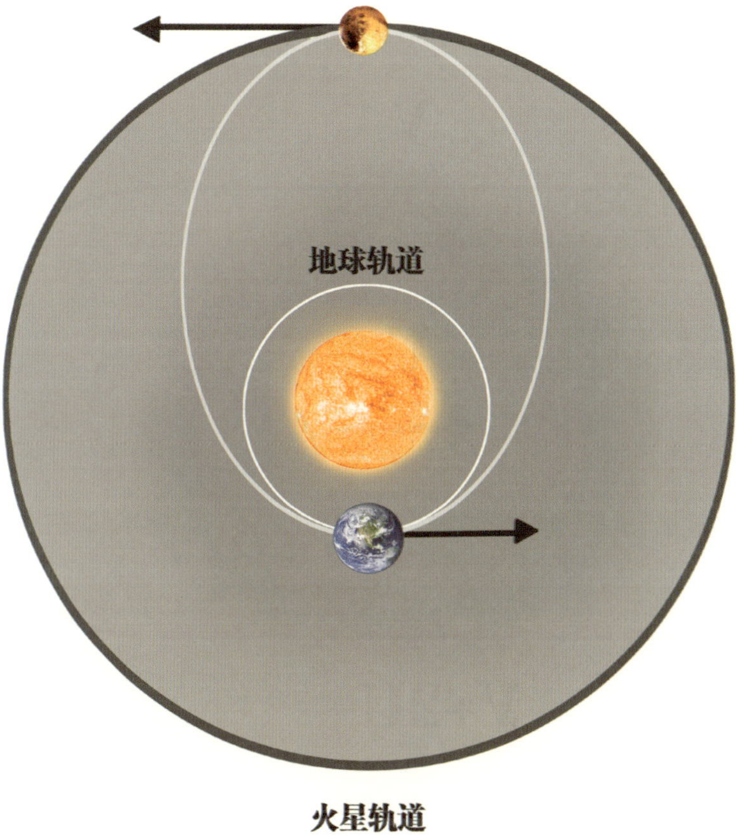

图8.1 霍曼转移轨道图示。飞船在地球发射点火，进入椭圆形轨道，当运行到椭圆轨道和火星轨道交点时恰好与火星相遇，然后再次加速，进入火星轨道

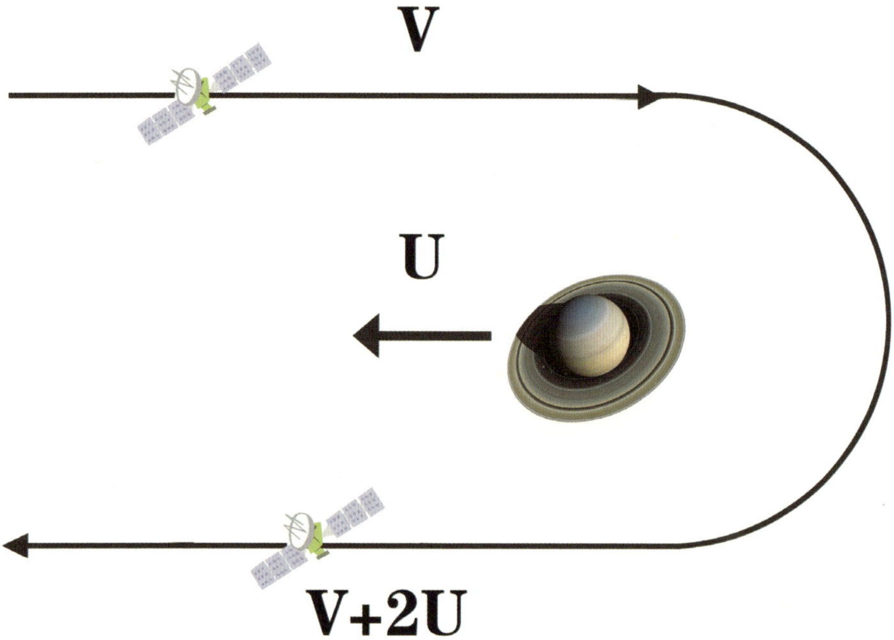

图8.2 引力弹弓图示

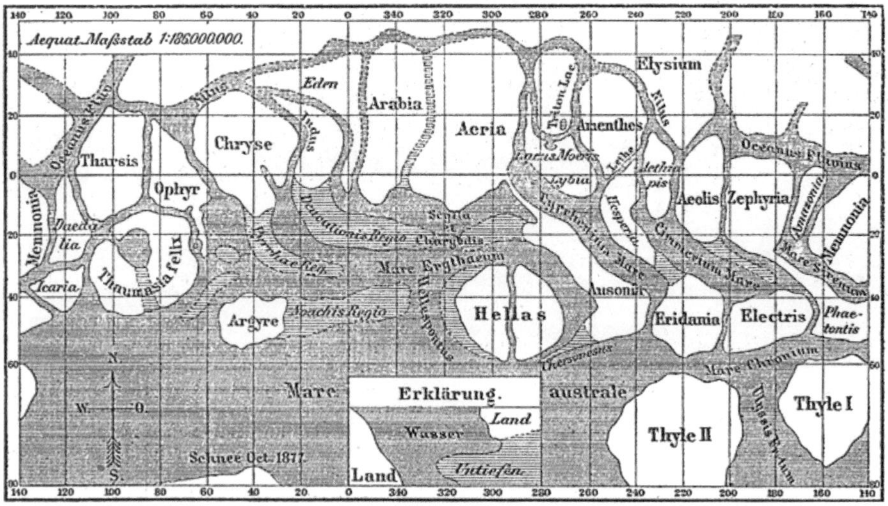

图9.1 乔范尼 · 夏帕雷利绘制的火星地图

图9.2 SpaceX公司火星飞船艺术概念图

图9.3 “生命圈2号（Biosphere 2）”外观。摄影
DrStarbuck

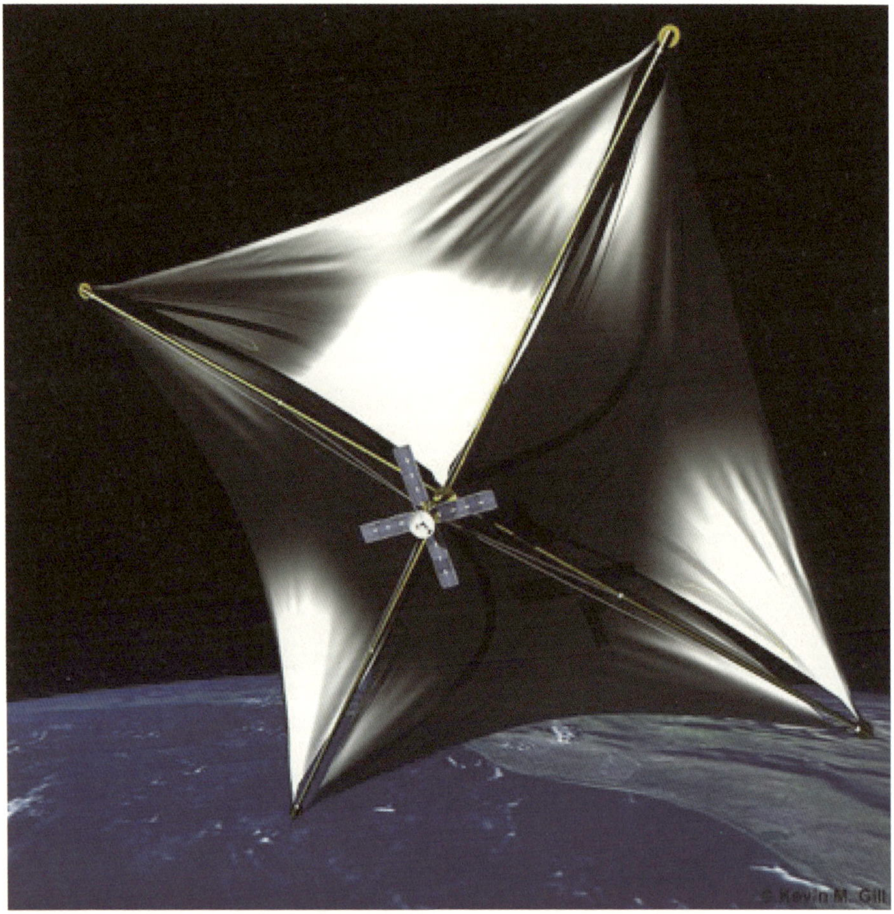

图10.1 光帆探测器概念图。By Kevin Gill from Nashua, NH, United States

图11.1 视向速度方法。行星和恒星相互绕转。当行星沿轨道远离观测者，恒星就会朝向观测者运动，光谱向蓝端（短波长）移动。反之，恒星光谱向红端（长波长）移动

图12.1 水熊虫

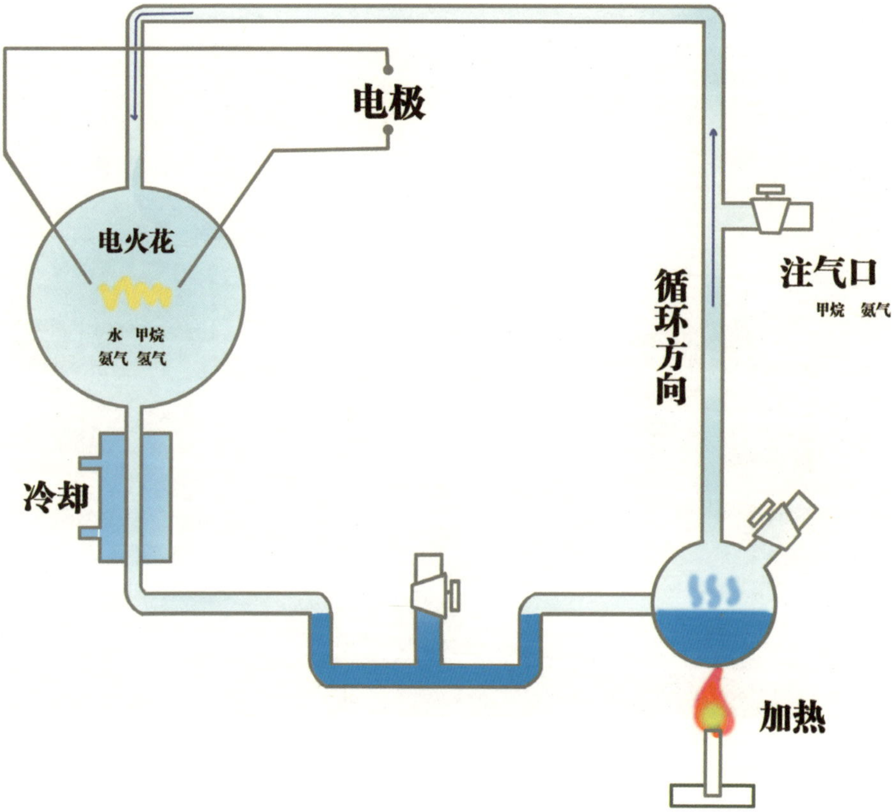

图12.2 米勒-尤里实验示意图。右侧的烧瓶中装满了水，在被加热后，水蒸气顺着玻璃导管进入左侧的玻璃容器，并在其中和甲烷、氨气、氢气混合。同时在这个玻璃容器中不断进行着电火花放电过程。蒸汽在冷凝后流入了整个装置的下侧。氨基酸和其他复杂分子在下部这个弯曲的部分富集

图13.2 虫洞的艺术图示

图14.1 LIGO探测器。读者可以看到其相互垂直的双臂。每条臂长4公里。来源LIGO官方网站

图14.2 双黑洞系统发射引力波的艺术示意图

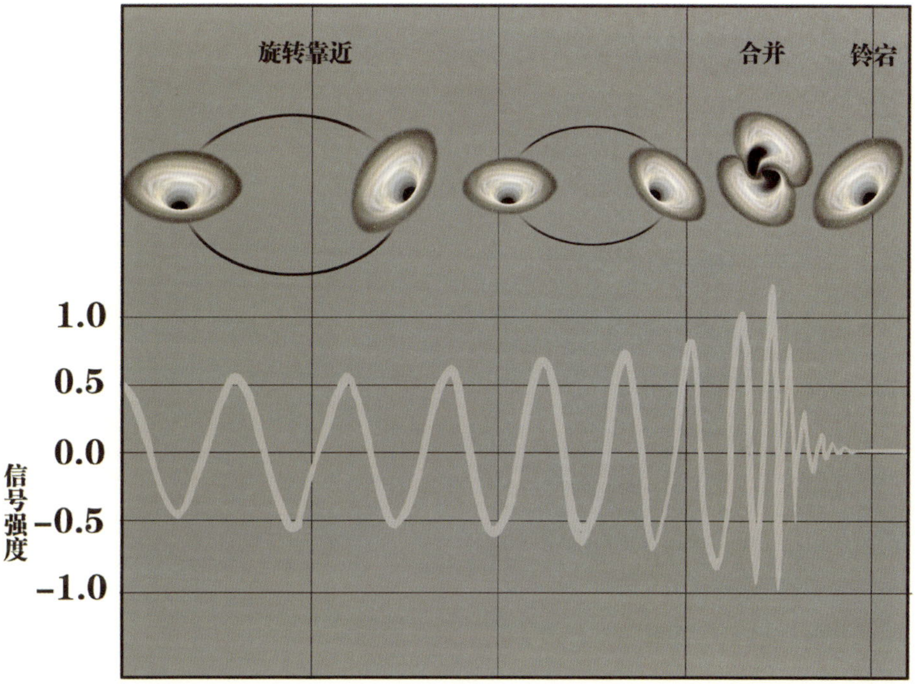

图14.3 上半张图的上半部分是黑洞合并的过程。绕转、渐进、合并产生变形的黑洞，直到黑洞形变消失。下半部分的震荡曲线显示了相应的LIGO观测信号。信号开始被观测到时，黑洞之间的相对速度是0.3倍光速。到合并前已达到0.6倍光速

目　录
Contents

漫步到宇宙尽头

推荐序

欣闻狐狸先生要出书了！狐狸先生是李然兄在知乎上的昵称。

作为狐狸先生在国家天文台的同事，我加入天文台时间稍晚，大约只有4年光景。不过大家都是年轻人，年龄相仿，所以我们时常在天文台每日咖啡休息时间无所顾忌地聊天辩论，了解到狐狸先生读书很多，文笔也很不错，不过很多之前仅仅是耳闻。和狐狸先生熟知还是缘起大约两年前《星际穿越》一书的翻译，当我们在一个月内筋疲力尽地赶完正文翻译的时候，出版社又告诉我们需要赶着翻译完原作者为中文版专门写的序，原作者基普索恩教授的文风简洁，狐狸先生自告奋勇地承担了此责任，不仅是在短时间内完成翻译，而且相得益彰的翻译文字将原作者的写作风采展示出来，印象很是深刻。

我们都是国家天文台的研究人员和学生导师。师者，传道授业解惑也。尽管都会分别指导自己的学生做科研，但是通常因为没有任何的教学责任（只是最近才在国科大任教），所以也会有很多的自由时间。当在大家科研闲暇之余想着忙乎自己事情的时候，狐狸先生凭借着自己的兴趣，花了很多时间义务为网友去答疑解问，而且已经坚持了好几年，这非常难能可贵。

2016年初，国家提出要“把科学普及放在与科技创新同等重要位置”的说法后，在过去的一年多，科普的热潮涌来，无论是科普书籍，还是各种各样的科普文章蜂拥而至，这其中文章质量和可读性良莠不齐、差别很大，一些文章尽管可读性较好但是有科学知识层面的硬伤，而一些科学家所写的文章又缺乏可读性，所以真正好的文章少之又少。狐狸先生富有文采，善于讲好故事，又是专业的天文学研究者，他的作品兼顾了趣味性和科学性。

狐狸先生所著的《漫步到宇宙尽头》一书，如同是一本宇宙漫游手册。既包含了一些经典问题的重新叙述，比如，“我们所处的宇宙从何而来，宇宙由什么构成？”，也包含了许多新近热点天文问题的解读，比如，“有无地外生命存在的星球，如何发现它们？”，“火星上能否种土豆？”，以及“霍金参与的摄星计划可行吗？”等等。每一章节，既可以分开独立阅读，结合起来看又自成体系。有故事，有科学知识，再加上作者流畅简练的文笔将这两者贯穿起来，使得《漫步到宇宙尽头》不仅是一部阅读性很好，而且是一部很有趣的书。

大浪淘沙，始见真金。我相信狐狸先生的这本《漫步到宇宙尽头》就是这么一部不可多得的天文科普和启蒙书籍，故推荐之。

苟利军

中国科学院国家天文台研究员

中国科学院大学教授

自　序

1961年4月12日莫斯科时间上午9点零7分，苏联的东方1号飞船发射升空，抵达300公里高的轨道，并绕地球一周， 这是人类第一次飞出大气层，进入太空。此时距离人类第一次发明比空气重，而能飞离地面的机械，才过去了58年。而仅仅8年后，美国的阿波罗11号飞船将地球人送到了38万公里之外的星球——月球。再一个8年后，人类发射了两艘旅行者号飞船，这是人类历史上最快的飞行器。今天，旅行者1号已经飞离了太阳风的疆域，进入了恒星际空间中。

人类对宇宙的认识也在同一时期取得了颠覆性的进展。科学家意识到，宇宙不是自古以来就有，而是从一场沛莫能当的大爆炸中产生的。重子物质，也就是构成我们所能看见的世界的物质，只是宇宙实体中很小的一部分。暗物质和暗能量构成的黑暗的世界才是宇宙最主要的组成。然而，人类还远不能满于已经取得的成绩。人类对宇宙的探索不过刚刚开始。虽然，太空望远镜已经可以看到上百亿光年外的世界，但受限于光速的有限和人类肉身的易朽，人类仍然被困在太阳系内。浩瀚空间，宛如无边大海，欲渡而不可得。

探索宇宙，这是一项虽不急迫，却极端重要的事，需要一代一代充满热情、无惧陈规的求索者。

从2013年起，我开始在知乎网站上回答天文学方向的问题，包括宇宙的尺度，银河的发现，或者是地外行星的探索。这些回答受到了很多朋友的热情赞扬，对我鼓舞很大。问答，是一种高效的信息传递方式。可以帮助读者迅速的打开新世界的窗子。然而，我深深感受到，一本逻辑完整的书具有很多问答所不及的优点。作者可以有更多的篇幅展开宇宙的发现历史，也可以合理的安排篇章，构建完整的世界观。2016年，我完成了《漫步到宇宙尽头》的电子书，并成为了知乎年度最热门的科学类图书。今年，纸质版的图书也终于要问世了。纸质版图书大约增加了70%的新内容，包括一个较为完整的宇宙学介绍，也增补了旅行者号的旅途等许多电子书中没有的章节。我希望这本书能成为一个引子，吸引更多的人热爱天文，探索宇宙。

在本书完稿后，我在国家天文台的同事王乔、李明、王岚、陈云和苟利军几位博士帮助我审阅了书稿。清华大学的张晓佳博士是行星形成方面的专家，对本书中相关行星的部分提出了很多宝贵的意见，指正了多处错误。我的太太杨洁帮助我修正很多语法错误，从读者角度提出了很多有价值的建议。北京大学的范祖辉教授，国家天文台的高亮教授，清华大学的毛淑德教授在阅读样稿后给予了热情的推荐。苟利军兄更是为本书撰写了推荐序。我在此向他们致以由衷的谢意！

科学是永无止境的，它是一个永恒之谜。

阿尔伯特·爱因斯坦

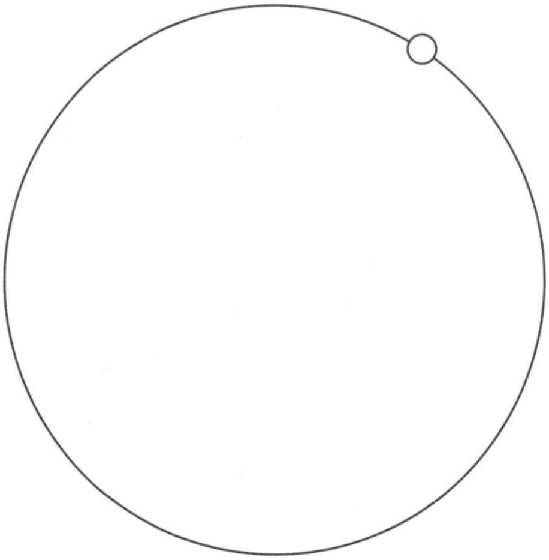

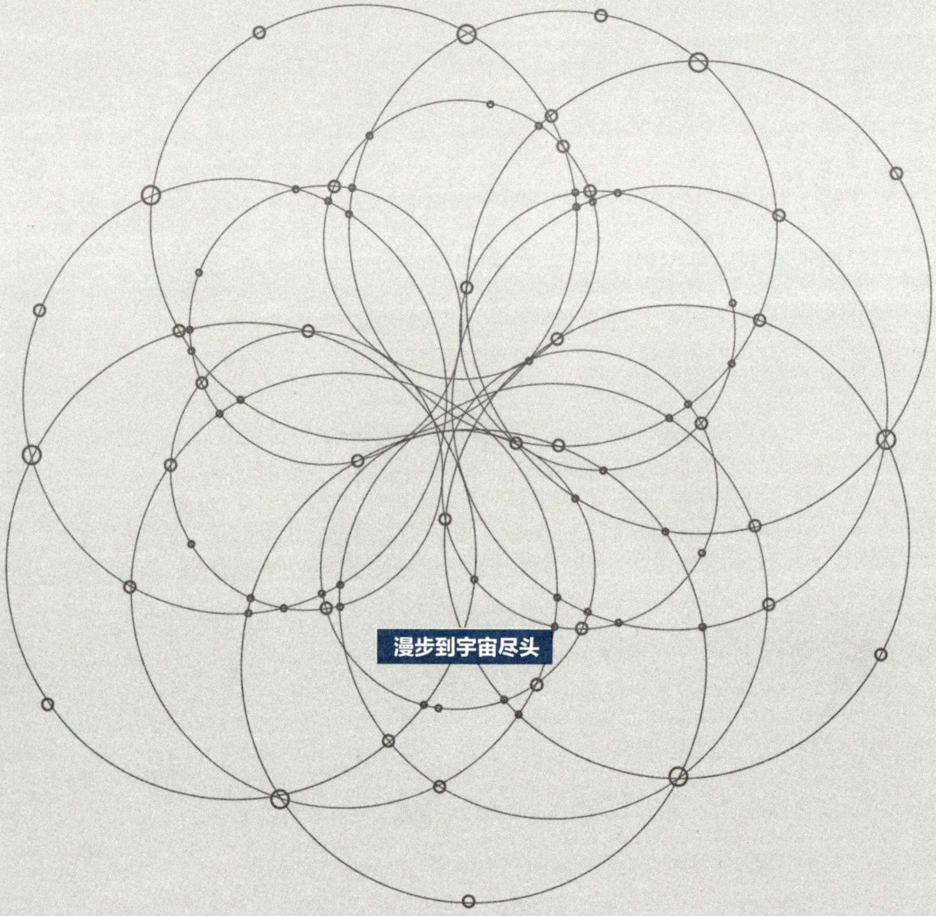

漫步到宇宙尽头

第一站
从太阳开始的征途

R o a m i n g   T h e   U n i v e r s e

地球绕着太阳转

我们的世界，从诞生以来就一直围绕着一个巨大的火球年复一年地转动，永不止息。

这并不是显而易见的事实——人类从地球获得的经验恰恰与此相反——大地似乎才是亘古不变、稳定不动的，太阳从东方升起，从西方落下，划分日夜。太阳的地位在古代神话中也有所反映，它往往扮演了一个对人世重要但对天庭无关紧要的角色。例如，在希腊神话中，太阳仅仅是阿波罗（Apollo）手中的金球；在中国古代神话中，太阳也不过是天神的马车上的车轮。在人类的日常经验中，太阳和月球的大小似乎相差不多。这也对人类认识太阳和地球的关系造成了障碍。人们自然而然会觉得太阳和月球是地位类似的天体，因为从视觉上来说，它们都在离地球差不多遥远的地方。

为了研究天体运动，古希腊天文学家提出了“天球”的概念。这是一个假想的球面，以观察者或者地球的中心为中心。日月和夜晚的星辰，都可以在这个球面上标出来。大多数星辰在天球上的相对位置似乎永远不变，因此被称作恒星。星空以一年为周期围绕地球转动。对北半球中纬度的观测者来说，每年的夏夜，他们总是在天顶附近看到明亮的织女星和牛郎星隔着银河相望。到了冬季，整个天空最亮的恒星——天狼星就会如约出现在东南方向。古希腊天文学家将夜空中的恒星划分为不同的星座以方便人们记忆。每年的同一个夜晚，天空中出现的星座总是相同的（整个天空有88个不同的星座）。

太阳和其他恒星不同，它在天球上的位置会移动。如果我们让大地变成透明的，并且暂时抽去地球上的大气，我们就可以在任何时刻看见整个天空的星辰。我们会发现，4月的时候，太阳和白羊座的恒星待在一起，8月的时候会移动到狮子座，而隆冬12月时则从蛇夫座移入人马座。每一年，太阳都会沿着这条线路走一圈，途经13个星座[1]。太阳在天球上的这条路径被称作黄道，相对应的星座有时被称作黄道星座。

除了月亮，在天球上还有5个天体的行为明显有别于恒星，它们就是水星、金星、火星、木星、土星。这5个天体都明亮而容易用肉眼观察。尤其金星，是夜空中仅次于月亮的明亮天体，比夜空中最亮的恒星天狼星明亮20倍。人们称这五颗亮星为“行星”，因为和静止不动的恒星不同，它们在天球上的运动显而易见。例如，木星以12年为一周期在天球上运转。中国古代天文学家将其称作岁星，并以此为基础制定了地支纪年。

如何理解这些天体的运动？古希腊天文学家认为，宇宙实际上是由一系列

---

1. 13个星座：白羊座、金牛座、双子座、巨蟹座、狮子座、处女座、天秤座、天蝎座、射手座、摩羯座、水瓶座、双鱼座，而流行文化中的黄道星座不包括蛇夫座，故常说12星座。

同心圆构成，地球处在圆心，太阳、月亮、水星、金星、火星、木星、土星，每一个天体占据了一层宇宙，在同心圆上绕着地球转动。而其他星体则集体在最外层占据了一个球面，这个球面绕着天轴转动。这种宇宙观反映了当时的哲学理念：宇宙应该是完美的，天体系统应该永恒平稳地运转。

然而，希腊人发现他们“完美”的宇宙模型上有点小问题，那就是行星的“逆行”。这是一个行星运动中令人困惑的现象。在夜空中，行星在天球上的运动轨迹大致是自西向东。但在某些时候，人们会观测到行星运动的速度渐渐变慢，直到停滞不前，并向反方向短暂地运动一段时间。在不久后，它们又会再次“扭头”踏上原来的轨道。在“完美”的宇宙模型中，行星的逆行显得不合规矩，但希腊人也对此无可奈何，只能忍痛对宇宙模型修修补补。到了公元140年前后，这套模型已经变得无比繁复。出生在希腊的罗马天文学家克罗狄斯·托勒密（Claudius Ptolemaeus）被公认是古代天文学理论的集大成者。在他出版的天文巨著《天文学大成》（*Almagest*）中展示了当时最先进的宇宙。在这本书里，地球已经被稍稍地移开了宇宙的中心，所有行星的轨道变成了偏心圆。除此以外，每个行星都有一个属于自己的小轨道，被称作“本轮”。本轮套在偏心圆轨道上运动，而行星则在本轮上运动。

直到16世纪为止，托勒密的理论统治了天体运行理论1000多年。这很奇怪，托勒密的理论计算繁复，而且也并不是纯正的地心理论。它实际上违背了古希腊人所崇尚的完美和平衡的宇宙观——偏心轮这样的构造更像是出现在机械匠人手工间里的奇巧淫技，而不应该出现在神灵创造的天空中。但另一方面，托勒密体系确实也很好地解释了行星的运动和逆行现象。16世纪，尼古拉·哥白尼（Nicolaus Copernicus）提出了革命性的太阳中心理论。在哥白尼的宇宙模型中，太阳被放到了宇宙的中心，一切天体都围绕着太阳转动。但直

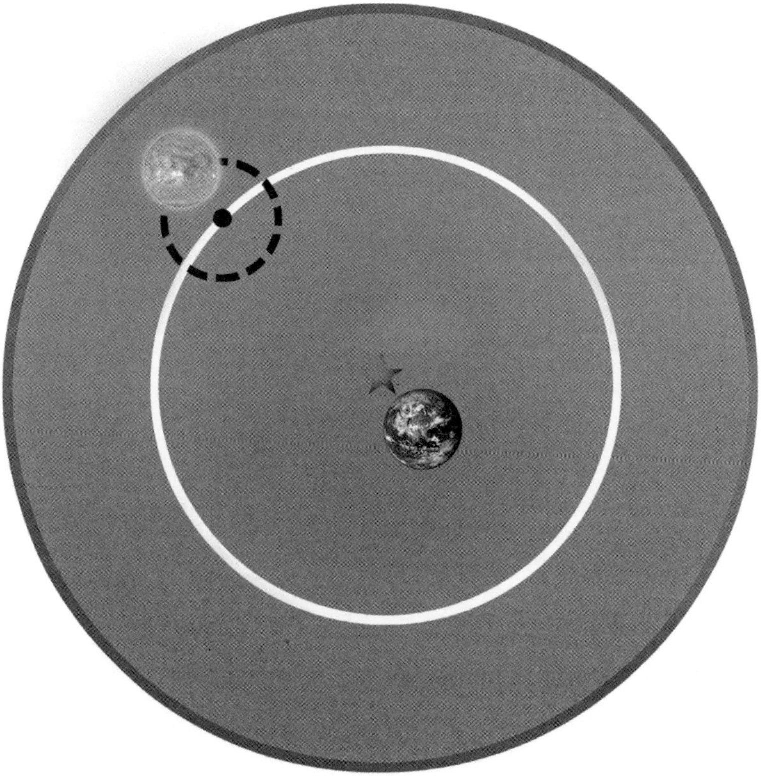

图1.1 托勒密的地心说模型，地球、行星轨道示意图。行星在一个被称作本轮的小圆上运行，小圆又套在一个被称作均轮的大圆上运行。均轮的圆心用五角星代表，稍稍偏离地球

到哥白尼去世半个世纪后，日心说仍然无法压倒托勒密的地心理论，从预言的准确程度上来看，它们差不太多。而不管哪一套理论，都无法准确地预言行星的运动，大行星似乎总是在某些时候走得过快了一些，有时又走得慢了一点。

地心说的缺陷毕竟在一步一步地暴露。17世纪初，望远镜在荷兰诞生。这种仪器是将两个透镜用一根金属长管连接起来。第一个透镜被称作物镜，用来收集光线，并汇聚起来。这些光线被第二个透镜修正后生成人眼可以直接观察的实像。望远镜收集光线的能力和物镜的面积成正比例关系。物镜直径增加10倍，望远镜收集光线的能力就增加100倍。望远镜还可以使观测者分辨更精细的图像，这种能力和望远镜的直径成正比例关系。人类的眼睛本身是一套精巧的光学系统，但人眼收集光线的面积很小，大致等于瞳孔尺寸。这样的能力足以使人类在自然界分辨敌害，甚至也足以使得人在昏暗的蜡烛或油灯下分辨羊皮纸上手写的小字。但说到仰望星空，人眼能力终究有限。早期的望远镜非常简陋，但物镜的面积要比人眼的瞳孔大上几十倍，早期的望远镜大大提高了人类的视力。

1609年，伽利略第一次将望远镜技术应用到天文观测中。他惊奇地发现，夜空中横亘的银河原来是由无数的星星构成的。当他将望远镜指向木星时，他发现在木星周围居然还有四颗小小的天体。很明显，这些天体是在围绕着木星做周期转动的卫星。其中，转动最快的一个卫星，在一个晚上就能发现它明显的位移。既然有天体可以围绕着木星转动，而不是以地球为中心，那么太阳有什么理由一定要围绕地球转动呢?

1573年，哥白尼去世18年后，约翰尼斯·开普勒（Johannes Kepler）出生于德国的威尔德斯达特镇。开普勒幼年贫穷，由祖父抚养长大。他的视力很差，可能是幼年的天花造成的。终其一生，开普勒很少真正坐到望远镜前，但他仍然被认为是欧洲一流的天文学专家，因为在数学计算方面，开普勒罕有敌手。开普勒是哥白尼学说的信徒，不仅仅是科学上的原因，也有神学上的动机。在开普勒的想象中，上帝创造的世界一定具有完美的几何特性。几何学一共存在5种不同的正多面体：正四面体、正六面体、正八面体、正十二面体和正二十面体。每一个正多面体总是存在一个内接球（内部能放下的最大球体）和一个外接球（正好包裹多面体的球体）。如果将5种正多面体嵌套起来，就可以将空间分为6层。开普勒相信这并不是巧合。在他的假想中，如果将太阳放到宇宙的中心，那么水、金、地、火、木、土这6颗行星的轨道应该正好可以放入5个层层嵌套的正多面体分割的6层球壳中（图1.2）。这是多么完美！

1596年，在开普勒的第一本天文学著作《宇宙之谜》（*The Mystery of the Universe*）中，他热情地描述了自己完美的宇宙理论，并辅以初步的计算结果。然而，欧洲的天文学家并不十分买账。在哥白尼之后的半个多世纪里，天文学观测精度提高了不少。而开普勒仍然在用哥白尼时代的旧数据去验证自己的理论，显得不那么合适。数据的质量在之后很多年里困扰着开普勒。1600年，开普勒接到当时最著名的天文学家第谷·布拉赫（Tycho Brahe）的邀请，前往布拉格，去做他的助手。这正是开普勒梦寐以求的机会。

第谷可能是望远镜发明以前最伟大的观测天文学家。他改造了六分仪和四分仪，使得它们对角度的分辨力大大提高。第谷可以用自己改造的仪器在1角分的精度上研究行星的运动。读者可以将自己的手臂向前伸直，与眼平齐，竖起食指，此时食指所能遮掩的角度大约是1度。第谷的观测精度是这个角度的1／60。

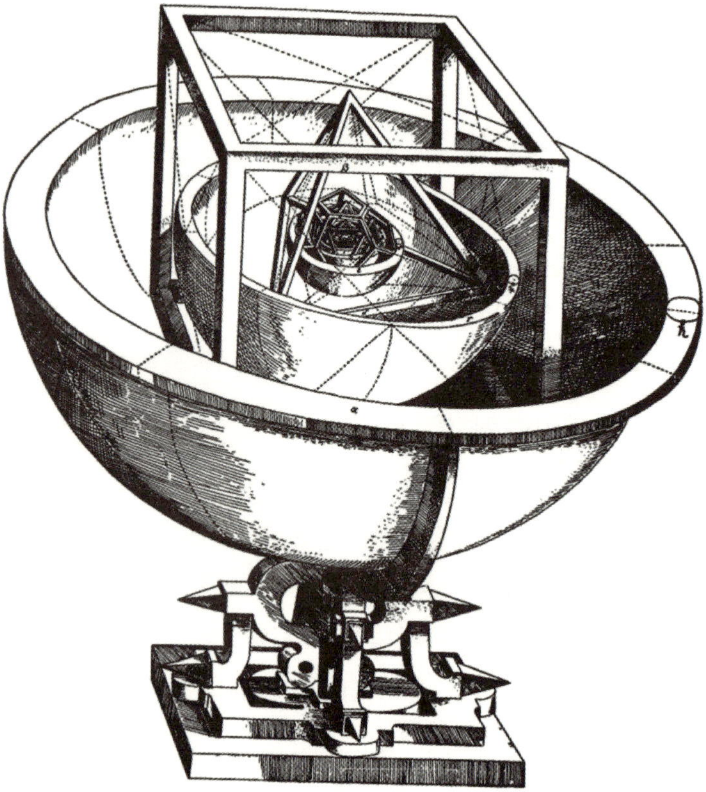

图1.2 开普勒最初的宇宙模型。水、金、地、火、木、土这6颗行星的轨道应该正好可以放入由5个层层嵌套的正多面体定义的轨道上。《宇宙的奥秘》（*Mysterium Cosmographicum*）（1596）

第谷的一生都致力于高精度测量行星的运动。在邀请开普勒时，第谷是神圣罗马帝国皇帝鲁道夫二世的皇家天文学家，他的工作是将自己一生积累的行星观测结果编为一个以他的赞助人鲁道夫二世命名的星表。这些数据正是开普勒所需要的，他深信这些数据可以证明自己的正多面体模型，于是欣然踏上了旅程。

第谷和开普勒的合作并不愉快。第谷有自己的一套宇宙模型，介于日心说和地心说之间，在这个模型里，所有的大行星都绕着太阳转动，而太阳又绕着地球转动。第谷希望利用开普勒的数学才华来研究自己的模型，但开普勒却是坚定的哥白尼门徒。开普勒无法从第谷那里获得行星运动的全貌，因为第谷对他充满了戒心，只是一点一点地、施舍式地提供给他只鳞片爪的数据。开普勒没有能够取得研究的进展，反倒是花了大量的精力为第谷撰写攻击研究对手的文章。

这份合作非常短暂，6个月后第谷不幸因一场突如其来的疾病去世。在弥留时刻，第谷终于将所有的数据交给了开普勒。他对开普勒说："不要辜负我的一生。"

在随后的数年里，开普勒终于能全身心投入解决太阳系运行的问题里。他很快发现自己的正多面体模型有严重的问题。水星的运动完全无法用这个模型预测。其他行星的运动也只是勉强和模型对得上。是第谷的数据错了吗？开普勒拒绝相信这个原因，和第谷一起工作过的他完全信任数据的精确度。开普勒只好痛苦地承认，自己"完美"的宇宙模型出了问题。但他距离真正的答案已经不远了。在重新审视了数据后，开普勒发现了解开谜团的关键之处——行星的轨道是椭圆曲线，而不是正圆，太阳处在椭圆的一个焦点上。这就是开普勒第一定律。而他也找到了正确描述行星运动的法则：行星在椭圆轨道上运行，当它远离太阳的时候，它的速度就会变慢；当它接近太阳的时候，它的速度会加快。如果我们将行星和太阳连成一条线，那么，这条线在单位时间内扫过的面积总是相同的。这就是开普勒第二定律。在数年后，开普勒又发现了开普勒第三定律：行星围绕太阳运动的周期平方正比与轨道半长轴的三次方。开普勒的研究取得了巨大的成功。从此以后，只要确定任意时刻的行星位置，根据开普勒定律，人们就可以完全、精确地预测它之后的运动。

为什么行星会如此运动？1687年，艾萨克·牛顿（Isaac Newton）最终找到了蕴含在开普勒定律里的奥秘——万有引力定律。牛顿认为宇宙中任意两个物体之间都存在相互吸引的力，这个力的大小与其距离的平方成反比。而开普勒的行星运动定律，正是牛顿引力定律的直接推论。

音乐家的大发现

18世纪末，太阳系的运动秩序建立起来了，但人类对于太阳系本身的认识还不充分。人们还不知道天空中是否只有5颗行星，也不知道太阳系的边际在何处。

1781年3月，英国的度假胜地巴斯，一位名叫威廉·赫歇尔（William Herschel）的天文学家用自己制作的望远镜发现了一个奇怪的天体。当时，赫歇尔正在对夜空中的双星进行系统研究。他观测的目标，大都是恒星，它们离地球非常远，即使在望远镜中也呈现为点状的发光体，而没有具体的形态。但是赫歇尔发现的这个天体，在200倍率放大下呈现为一个朦胧的光斑，当他换上更高倍率的目镜时，光斑的大小随之增加。赫歇尔猜测这个天体可能是一颗彗星。但和普通的彗星不同，这个天体没有彗星常见的长长的扫帚尾巴。谨慎起见，赫歇尔仍称这个天体为彗星，并将该发现通知了皇家学会的天文学同行们。此时的赫歇尔还没有意识到，这是他一生伟大天文探险之旅收获的第一个奖品。

事实上，在几年之前，赫歇尔在英国广为人知的身份是管风琴演奏家和作曲家。他出身于德国汉诺威的一个音乐世家，兄弟姐妹有10人之多。父亲艾萨克·赫歇尔（Isaac Herschel）是乐团里的一位演奏家。虽然并非富豪，父亲还是决定让他的所有孩子（至少是所有男孩子）都受到良好的教育，不仅在音乐方面，也包括科学和数学。据赫歇尔的妹妹卡罗琳·赫歇尔（Caroline Herschel）回忆，晚饭后父亲和赫歇尔会长时间讨论音乐演奏相关事项，但是有时，话题会突然转移到哲学和科学方面。牛顿、莱昂哈德·欧拉（Leonhard Euler）、威廉·莱布尼茨（Wilhelm Leibniz）等人的名字频繁出现。讨论的气氛会变得非常热烈，其中尤以威廉·赫歇尔最为活跃。有时讨论过于投入，以至母亲不得不出面干预，以免谈论的声音惊扰了第二天早上要上学的小孩子们。

受到家庭教育的影响，赫歇尔成长为一位优秀的管风琴和双簧管演奏家，在乐团获得常任职位。因为战争，在19岁的时候，赫歇尔离开德国去英国发展音乐事业。1766年，他收到了来自Bath（巴斯）的Octagon Chapel（八角教堂）的邀请，成为其常任的管风琴师。Bath是英国著名的时尚休闲城市，有众多慷慨的上流名士愿意为音乐家事业提供赞助。英俊帅气的外表、精湛的技艺令赫歇尔很快在圈子里崭露头角。作为一个音乐家，赫歇尔不但获得了优越的生活，职业生涯也在巴斯达到了巅峰。

夏天是音乐家繁忙的季节，需要应付不同的演出，并且Bath访客云集。但到了冬天，这里就变得安静闲逸。赫歇尔有了充足的个人时间来重拾自己在天文学上的爱好。35岁那年，赫歇尔偶然购买到了詹姆斯·弗格森（James Ferguson）的学术专著《天文学》，这本书让他重新燃起对于神秘夜空的兴趣。晚饭后，他常常带着这本书回到卧室，让对星空宇宙的遐想伴他入眠。此时的赫歇尔已经不仅仅满足于像年轻时一样只是作为科学爱好者，在沙龙上高谈阔论。他想要亲自观察书中所描述的奇妙夜空。这意味着，他需要一个望远镜。

在伽利略自制望远镜用于天文观测后，望远镜的制作技术取得了很大的进展。在赫歇尔的时代，望远镜已经可以从光学器材商店里买到，只是价格昂贵。在Bath的光学器材商店里就恰好有一架。但是望远镜口径太小，不能满足赫歇尔的期望。赫歇尔想要看别人没有看到过的星空，他希望拥有的是一架在那个时代最优秀的望远镜。按照他的计划，这样的望远镜镜面至少要达到20英寸（约50厘米）。于是，自制望远镜成了他唯一的选择。

赫歇尔小时候有一些制作乐器的经历，但是光学望远镜是完全不同的东西，对设计和加工精度有着极高的要求。没有人知道赫歇尔为什么能成为一个伟大的望远镜制造者。他在开始的时候，似乎所有的参考资料只是罗伯特·史密斯（Robert Smith）所著作的《光学》。但在经过最初的一些不成功的尝试后，赫歇尔很快掌握了制作望远镜的诀窍。磨镜是非常单调的体力工作，赫歇尔表现出的专注却非常惊人。他甚至可以连续16个小时不离开手头的工作。他的妹妹卡罗琳不得不在他工作的时候用勺子喂他吃饭，免得他在工作中晕倒。

赫歇尔陆续制作了一系列大小不同的望远镜，最常使用的一个镜面直径约50厘米，焦距达到7米。虽然是自学成才的新手，但赫歇尔的望远镜事实上是整个时代最优秀的作品，远远超过他那些追逐彗星的同行使用的小型光学设备。事实上，在不久后，整个欧洲的天文学家都对一架赫歇尔手制的望远镜梦寐以求。

谁拥有口径最大的望远镜，谁就能有最伟大的发现，这是天文学研究的铁律。1781年，赫歇尔发现的这个奇怪天体，就是他得到的第一份重大回报。英国皇家学会的天文同行们跟进了赫歇尔的观测，他们很快发现新天体的运动轨道是一个接近圆形的椭圆。这意味着新天体不是一颗彗星，因为彗星总是在非常扁长的轨道上运行。最终，天文界承认赫歇尔发现的天体实际上是一颗行星，我们今天称其为天王星。

事实上，回顾历史资料，人们发现天王星在此之前已经被不同的天文学家观测并记录过，但他们都没有意识到天王星是一颗大行星。这是因为天王星比其他几颗行星暗得多，运动速度也要慢得多。天王星的亮度是6等左右，只是勉强能被肉眼看到。它和太阳之间的距离是日地距离的18倍，每84年才绕太阳运动一周，因此科学家很难注意到它的运动。但在赫歇尔的大口径望远镜中，天王星的形态使得它的真身为人所知。

赫歇尔的发现让整个科学界沸腾了，这是人类有历史记载以来，第一次由个人独立发现的新行星。赫歇尔以一己之力拓展了太阳系的疆域。赫歇尔被授予皇家学会会员资格（Royal Society fellow），并获得了科普利奖章（Copley Medal）。作为无可争议的发现者，他被请求为新的行星命名。

赫歇尔将发现新行星的荣誉奉献给英王乔治三世。国王雅好科学，赫歇尔希望新的行星能够帮助自己获得皇家天文学家的职位。然而，“乔治星”的名字最终没能在其他国家站稳脚跟，在法国，科学家们宁可称呼新的行星为“赫歇尔”。几经博弈后，天文学家们接受用“Uranus”为新的行星命名。这个名字来自希腊神话中天空之神的名字乌拉诺斯神，中文翻译为天王星。占星学界也很快高兴地接受了这一颗新行星，将其纳入自己的理论体系中。占星家们为天王星设计了独特的符号——圆形的球体上托起赫歇尔名字的首字母H。

虽然“乔治星”的名字只在英国受到欢迎，但是，它却毫不意外地让赫歇尔备受皇室欢迎。他被请到白金汉宫成为英王的座上宾，并被邀请和皇室一起观赏歌剧。他的望远镜也从家乡运至格林尼治天文台，以便国王本人可以看到以自己的名字命名的星星。皇家天文学会的同行们在看过赫歇尔的望远镜后对自己原有的老古董再也提不起兴趣，纷纷请求赫歇尔为他们制作新的望远镜。赫歇尔也乐于出售望远镜而获取利润，大约60架望远镜卖给了皇家学会的同仁和欧洲大陆的天文学家们。作为天文学家和顶级望远镜的制作者，赫歇尔一时声势无两。在他的一生中，赫歇尔取得了一系列伟大的发现：他发现了一颗新的大行星——天王星；他（和他的妹妹还有儿子）建立了史上最大的，至今仍然在使用的星云团全表；他制作了一份双星全表，证明了很大比例的双星不仅仅在视觉上，而且在物理上是相互联系的；他发现了红外线的存在……在本书后面，我们还会看到赫歇尔的名字，现在，让我们继续太阳系边疆的探索之旅。

太阳系的边疆

天王星的发现使得天文学家猜测，可能还有大的行星存在于太阳系外围。毕竟太阳的质量非常大，比所有大行星的质量加起来还要大数百倍，完全可以在几十倍日地距离的地方控制更多的天体。可以预想到，天王星之外的大行星可能比天王星看起来更加暗淡，公转周期也更长，但天文学家还是可以通过细致的巡天观测来寻找可疑的候选者。

然而，令人感到意外的是，下一颗大行星存在的证据却是由一个数学家发现的，而线索就藏在天王星的运动数据中。在开普勒的太阳系模型中，大行星都在自己的椭圆轨道上规矩地运行，互相毫不干涉。另外，我们知道这只是一种对实际情况的简化。因为牛顿的引力定律指出任何两个天体之间都会存在互相吸引的力。不同的行星公转周期不同，因此相互间会周期性地靠近。当两颗大行星靠近彼此时，它们的引力就会使得对方都稍微偏离完美的椭圆轨道，这种偏离被称作“摄动”。

海王星的发现则要归功于法国天文学家奥本·尚·约瑟夫·勒维耶（Urbain Jean Joseph Le Verrier）杰出的数学能力。在发现天王星后，一些数学家和天文学家意识到天王星的轨道似乎受到了另一个大行星的干扰。勒维耶精确地计算出了这个可能天体的大小、轨道和应该出现的位置。在他的再三请求下，柏林天文台在他预测的位置发现了这个大行星，勒维耶根据其他行星命名的惯例，用海洋之神（Neptune）的名字命名其为海王星。

水星、金星、地球和火星一般被称为类地行星。顾名思义，这类行星像地球一样，有坚实的表面，并且都有铁质的核心。而木星、土星、海王星和天王星则是比地球巨大得多的行星。在过去，人们曾笼统地将这四颗行星称作类木行星，但现在我们已经知道这些行星可以分为两类：木星和土星这样的主要成分是氢、氦元素的“气态巨行星”；海王星、天王星这样的主要由冰冻的水、氨与甲烷构成的“冰巨星”。

在海王星外是否还有大行星存在？我们至今还没有发现。1930年，美国科学家克莱德·威廉·汤博（Clyde William Tombaugh）发现了冥王星。这是一个太阳系外围的小天体，距离太阳约40倍日地距离，质量只有月球的1／6。在之后的70多年里，冥王星被定义为太阳的第九大行星。但人们从一开始就发现，冥王星和其他八大行星有很多不同。其他的八大行星轨道都非常接近圆，而冥王星的轨道椭率（ellipticity）较大，甚至和海王星轨道交会。有的时候，冥王星会运行到比海王星更靠近太阳的地方。更重要的是，冥王星的质量太低，在自己的轨道上不占据主导地位。围绕冥王星地位的争论自发现之后一直不曾停止。从20世纪90年代起，天文学家开始不断地发现冥王星外的小天体。2005年，人们找到了比冥王星还要重的Eris（阋神星，136199 Eris）。这成了压倒冥王星地位的最后一根稻草。在2006年的天文学年会上，天文学家用投票的方式为行星颁布了新的定义，要求一个绕太阳运动的天体必须质量大得可以清除轨道上的其他天体才能被称作行星。而冥王星只比它的卫星稍大一点点，于是被剥离出了行星的队伍。天文学家为冥王星、阋神星以及小行星带中最大的天体——谷神星这样的天体开辟了一个新的小众分类“矮行星”。这次投票在当时引起了公众的强烈反对，但随着时间的推演，人们慢慢接受了这个新的更加合理的分类方法。

冥王星和阋神星附近的轨道上还存在大量的小天体，这些天体合起来构成了一个圆盘状的区域，被称作“柯伊伯带”[1]。虽然像冥王星和阋神星这样的天体主要是由岩石和金属构成，但柯伊伯带中的小天体大多是由冻结的水、氨和甲烷构成，和彗星的构成成分类似。这些小天体大多在柯伊伯带中年复一年地围绕太阳转动，但也会有很少的小天体偶然地游荡到太阳系中心区域，当这些小天体靠近太阳时，太阳的光热会使得冰升华，在小天体背后形成长长的尾巴。这时，小天体就变成了一颗彗星。彗星在人类历史中向来是坏运气的代名词。在中国，彗星的出现被认为伴随着战乱。甚至到20世纪初，人类还是会因为哈雷彗星彗尾扫过地球而感到恐慌。彗星和小行星一样在各类科幻电影中扮演着人类杀手的角色。在电影《彗星来的那一夜》（*Coherence*）中，彗星甚至扮演了连接平行世界的角色。然而，从彗星主体上解离下来的碎片却是地球上美丽流星雨的来源，当地球运行过彗星的轨道时，这些碎片落入地球，在和大气层摩擦的过程中形成了流星雨。

---

1. 柯伊伯带：Edgeworth-Kuiper belt，EKB，全称艾吉沃斯 - 柯伊伯带，一般简称为柯伊伯带。

柯伊伯带的位置距离太阳中心40–50个日地距离[1]，但这里还不是太阳系的边界。整个太阳系其实被包裹在一个被称作“奥尔特云”的结构中。奥尔特云由大量的微小天体构成，成分主要为水冰[2]、甲烷等物质。奥尔特云的外边界大约在10万倍日地距离处，这也是太阳引力影响范围的边缘。距离太阳最近的恒星——比邻星到太阳的距离是奥尔特云外缘的两倍。

地球和太阳之间的距离是1.5亿公里，光需要8分钟才能从太阳来到地球。为了更好地在脑海中形成图像，我们可以将太阳系的物理的尺度缩小10亿倍。在这个缩小版的太阳系里，人的大小和一个原子差不多，地球只有1.3厘米，比葡萄略小一些。地球的卫星月亮悬挂在30厘米之外，大小和葡萄籽一样。在我们的微缩版太阳系中，太阳是一个直径1.5米的火球，离地球150米，只需要步行一分钟。按照离太阳的距离由近到远，地球是太阳的第三颗大行星。从地球步行前往太阳，途中你会经过和地球差不多大小的金星，以及比月球略大一些的水星。从太阳到木星（大小和柚子差不多），需要坐一站公交车（约800米距离），如果我们不下车再坐一站就到了土星（和苹果差不多大）。天王星和海王星的大小和柠檬差不多，分别距离太阳4站和6站公交车车程。海王星外是由小天体构成的柯伊伯带，更远处的奥尔特云外边缘大约距离太阳2光年。在我们的微缩版太阳系中，抵达奥尔特云的边界需要20,000公里，差不多需要坐飞机飞行20小时；而距离太阳最近的比邻星，需要乘飞机40小时才能到达（40,000公里外）。

---

1. 天文单位：Astronomical Unit，简写为 AU。是长度的单位，历史上约等于地球到太阳的平均距离。天文常数之一。

2. 水冰：由水或融水在低温下固结的冰称为水冰。这么称呼是为了跟氨冰、干冰进行区分。

图1.3 太阳系大行星位置示意图

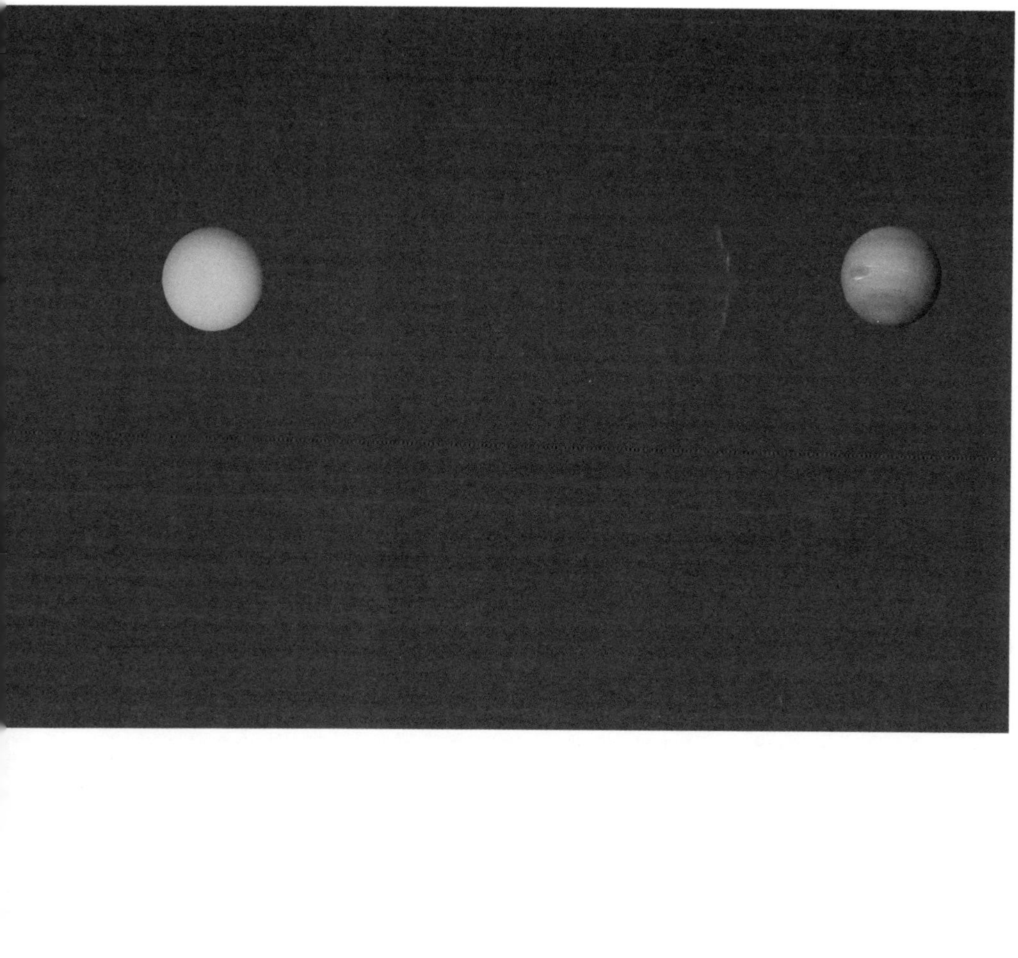

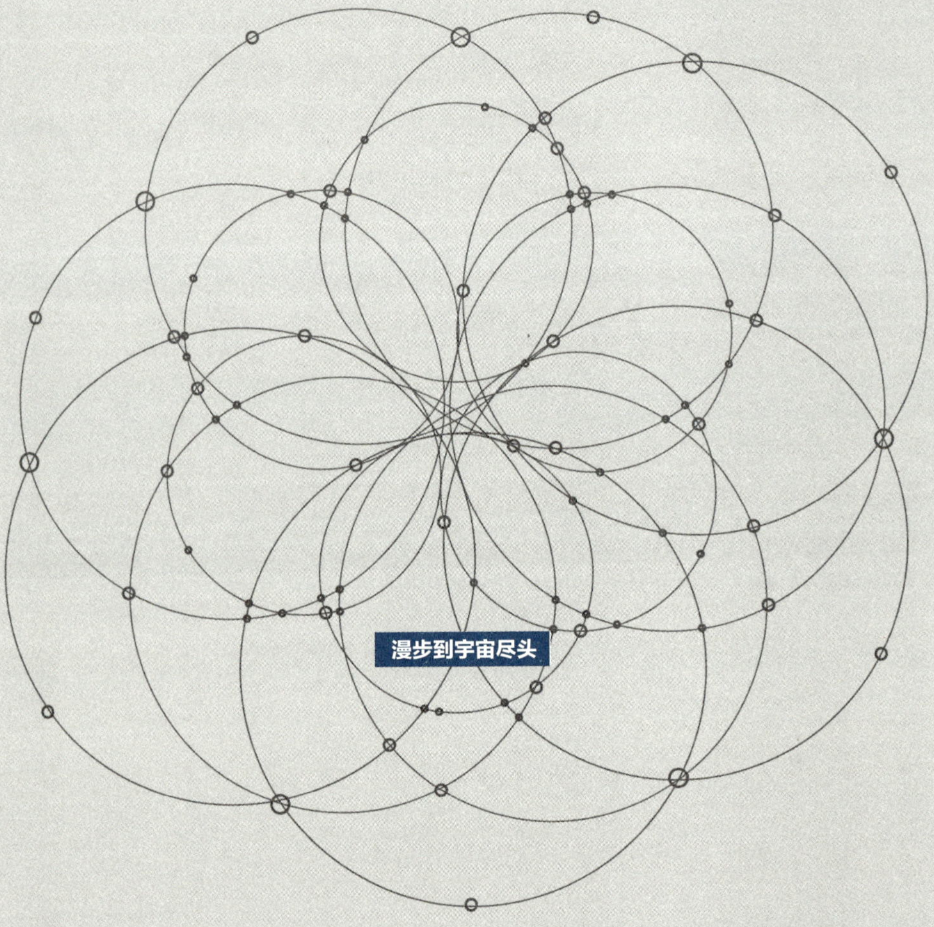
漫步到宇宙尽头

第二站
璀璨的银河

R o a m i n g   T h e   U n i v e r s e

银河的形状

如果我们用看待天体的眼光来看待恒星，我们就会发现它们距离地球非常遥远，因为恒星在天球上的位置几乎不发生改变。汽车的速度远不如飞机，但是人们会觉得近处的汽车飞驰而过，而飞机却在天空中缓缓划过。这种感觉上的差别正是由于两者之间的距离差异造成的。恒星和行星也是如此，恒星的运动速度实际上比行星要快得多，但是，由于恒星距离我们非常遥远，我们几乎感觉不到它的运动。

夜空中的恒星是否也有远近之分，还是均匀地分布在一个球面上？这样的问题不需要专业的望远镜，我们也可以通过个人经验做出一些判断。在夜空中，恒星的分布在各个方向基本均匀，只有在银河的方向恒星的分布才非常密集，形成横亘天空的亮带。不论在盛夏还是寒冬，我们都可以看到银河。很容易想象，银河的三维形态应该是一个扁平的盘状分布。太阳系就在银河系的盘面上。在地球的不同季节，我们在夜空中看到的银河，便是这个恒星盘的不同部分。

我们是否有办法知道太阳在银河盘中的确切位置？依照直觉的判断是，我们应该测量所有恒星到太阳的距离，这样就可以画出银河系的形状和大小，以及太阳在银河系中的坐标。如何测定恒星的距离？

对于临近的恒星，天文学家可以借助视差法：地球围绕太阳转动，如果天上所有恒星的距离都一样，那么在不同季节，恒星相互之间的位置则完全不会发生变化。但如果恒星有远有近，那么当地球运行到公转轨道的不同位置时，近处的恒星就会相对整个恒星背景移动一个小角度。

我们知道地球到太阳的距离大约为1.5亿公里，利用三角学原理，天文学家就可以计算出目标恒星到太阳的距离。这种方法就被称作三角视差法。

三角视差法至今仍然是人类掌握的最精确的天文测距方法。但是，三角视差法的运用要求观测者精确测量恒星在天空中的位置及位置移动。我们之前提到过，第谷利用手中的仪器，可以达到的最精确位置测量是1角分。如果我们简单地计算一下，就会发现第谷的仪器能够测量的最远的恒星距离大约是7000倍日地距离，这远远小于太阳系的大小，更不用提及太阳系外其他恒星的距离了。直到19世纪上半叶，天文学家才真正有了测量恒星距离的能力。这要归功于量日仪（heliometer）的发明。

顾名思义，量日仪最初是为了测量太阳的半径，它的构造和普通的折射望远镜类似。不同的是，量日仪的物镜从正中分成两半，观测者可以调节两半透镜的相对位置，使得天体的像分成两半。当观测者将望远镜对准一小片星空的时候，分开的物镜会使得视野中所有的恒星都产生两个像。观测者可以从中选择两颗恒星，令它们产生的重像对齐。此时两片物镜分离的程度就代表了两

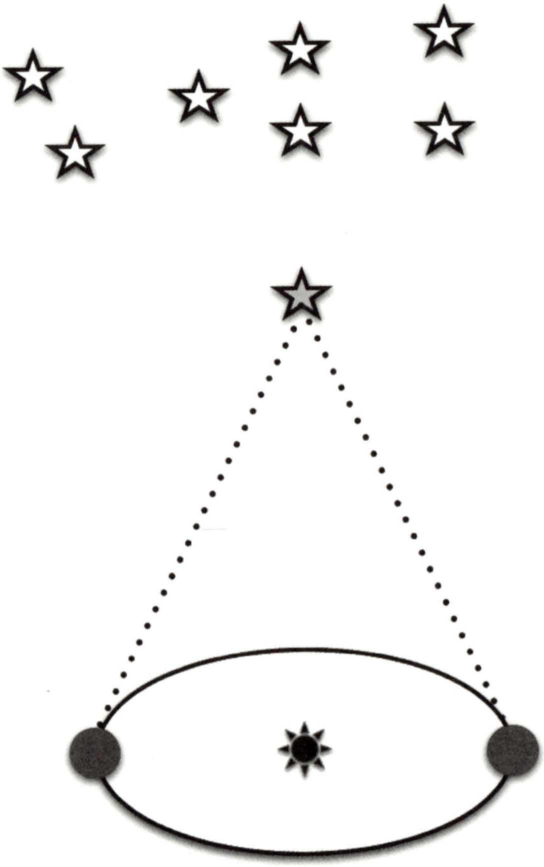

图2.1 三角视差法

颗恒星在天球上的角距离。为了精确测量相对背景恒星的周年视差，观测者需要测量多组恒星相互间的距离。19世纪初，测量恒星距离成了一顶吸引人的桂冠，几位天文学家为此展开了激烈的竞争，最终是德国数学家和天文学家弗里德里希·威廉·贝塞尔（Friedrich Wilhelm Bessel）摘得了这项荣誉。第一颗被测量距离的恒星被称作61 Cygni（天鹅座61），是天鹅座的一颗暗淡的恒星。贝塞尔测定它的距离为10.3 光年，和现代精确测量的数值差别不到10%。然而，相对银河盘的尺度，10光年依然是一个非常小的距离。利用这种方法，天文学家无法测定更为遥远的恒星的距离，也无法确定整个银河系的结构。

相比直接测量恒星的距离，赫歇尔在更早的时候提出过一个间接方法来研究银河系：记录在银河不同部分的恒星数目。这和我们确定银河系是盘状的道理差不多。假设银河盘中恒星分布是近似均匀的，而太阳系又正好在银河系中心，那么向不同方向看去，恒星密集程度应该非常类似。反之，如果太阳处在银河系的边疆，那么向银河中心方向望去，恒星应该非常密集，而与之相反的方向则不会有太多的恒星。这是一项工作量巨大的研究，赫歇尔望远镜的视野只有几十角分，相比之下全天有40,000平方度（1平方度等于3600平方角分），凭个人之力完成全天的巡视绝无可能。作为妥协，赫歇尔在银河各方向随机抽取了数百个小天区，作为银河系恒星分布的代表。图2.2是赫歇尔发表的银河系形状，他的观测显示，银河的形状是一个椭圆，太阳系并不在银河系中心，但是也相距中心不远。

但在后来的研究中，赫歇尔自己意识到这一工作的缺陷。当他建成了更大的望远镜巡视银河时，他发现有更多的恒星浮现了出来，这意味着他之前的观测是不完备的。当他用望远镜观察银河时，并没有观察到所有的恒星。许多更远处的恒星太暗淡了，无法在望远镜中显现出来。

其后的一百多年里，天文学家一直用同样的办法测量银河系的形态。1922年，荷兰天文学家雅各布斯·科内利乌斯·卡普坦（Jacobus Cornelius Kapteyn）进一步完善了赫歇尔的方法，利用更好的观测设备，他测定出银河系的大小是40,000光年。同样，卡普坦认为太阳在银河系中心附近。但卡普坦和赫歇尔一样，获得的是不完备的银河恒星样本。今天我们知道，银河系的盘面上存在大量细小的尘埃。这些尘埃会散射远处恒星发出的光芒，让远处的恒星看上去更红，也更暗。尘埃蒙蔽了卡普坦和赫歇尔这些聪明的科学家，使得他们大大低估了银河中心方向的恒星数目，从而得到一个更小的银河系，并且误以为太阳在银河系中心。

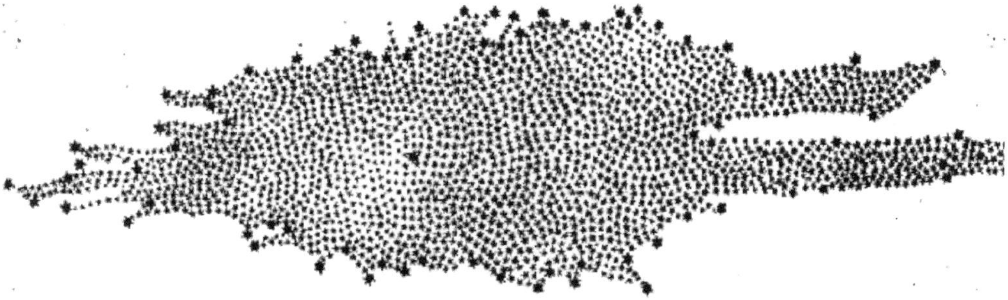

图2.2 赫歇尔绘制的银河系全图

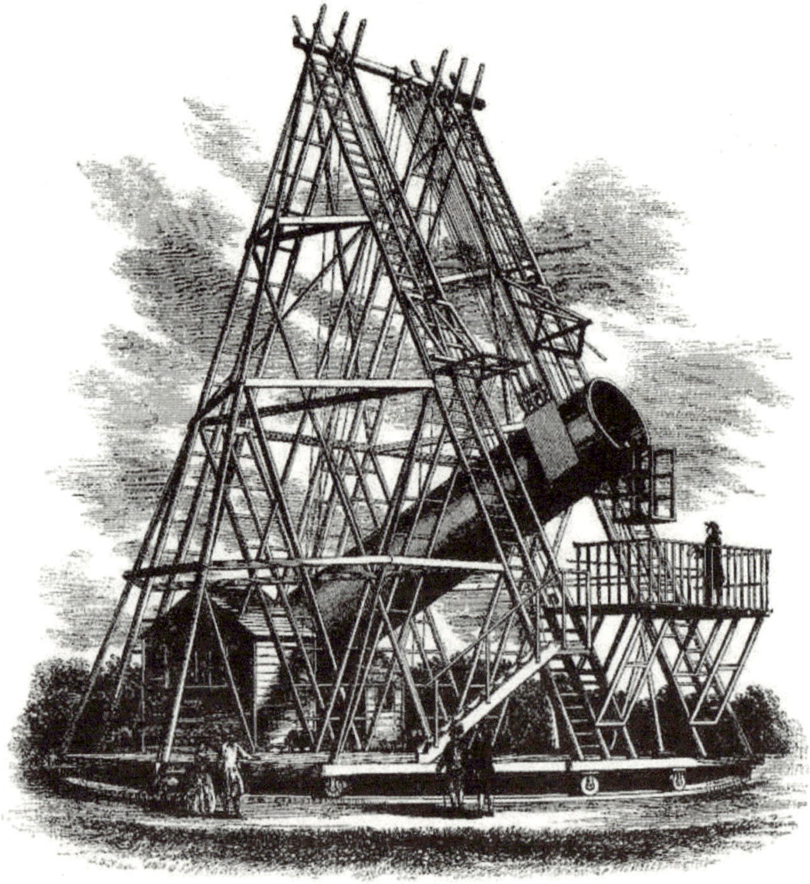

图2.3 赫歇尔建造的最大望远镜

标准烛光

20世纪初，人类终于发明了一个崭新的天文距离测量方法——造父变星测距法。发明人是哈佛天文台的一位女性天文学家亨丽爱塔·勒维特（Henrietta Swan Leavitt）。勒维特从1893年开始在哈佛大学天文台工作。在那个年代，女性不被允许亲手操作望远镜，她们的工作主要是检查男性同行们拍摄的天文底片。勒维特的主要工作之一是建立所谓的“北极星序”，即精确测量北极星附近的恒星的“视星等”，作为其他恒星亮度测量的基准。所谓“视星等”，就是地球上的观测者看到的天体的亮度。星等的概念最早来自古希腊天文学家喜帕恰斯（Hipparchus），他将天上的恒星分为6个等级，1等星最亮，6等星最暗。现代天文学测定了星等和亮度的关系。天体的星等每减少一等，亮度就提高2.5倍。1等星比6等星要亮100倍。人类肉眼能够看到的最暗的恒星差不多就是6等星。银河系中还有大量的恒星非常暗淡，必须用望远镜才能观察到，它们的视星等就会高于6等。另外，1等星也不是最亮的恒星，织女星的视星等大约是0等，而太阳的目视星等更是达到了–26.7等。

读者看到这里就会发现，视星等并不能够反映恒星的发光能力。恒星即使发光能力超强，如果它的距离遥远，也会显得非常暗淡。用数学的语言说，恒星的视亮度反比于它距离的平方，天文学家因此引进了绝对星等的概念来描述恒星的发光能力。如果能够确定恒星的距离，天文学家就可以直接计算恒星的绝对星等。

在进行恒星亮度测定的同时，勒维特也为哈佛天文台的威廉·亨利·皮克林（William Henry Pickering）工作，检查天文底片上数以千计的变星。所谓变星，就是亮度随时间变化的恒星。勒维特对这些恒星中一类被称作造父变星的天体尤其感兴趣。这些天体得名于仙王座 δ 星，中文名为造父二。造父变星的亮度有明显的周期变化。勒维特选择了麦哲伦星云中的变星底片来研究。大小麦哲伦星云是银河系的两个伴星系，质量比银河系小得多。在南半球的夜空中，这两个小星云是天球上最引人注目的天象。20世纪初，人们不知道这两个星云的确切距离，但可以确定的是，这两个星云都是由恒星构成的独立系统，只是远不如银河系巨大。研究麦哲伦云中的变星有一个好处——不同变星之间的距离远小于它们到达地球的距离。换句话说，从地球上观测者的角度来看，所有麦哲伦云中的恒星几乎都位于同一距离处。

1912年，勒维特报告了小麦哲伦云中25颗造父变星的星等和光变周期测量。她将这些变星的星等和亮度变化的周期画在一张图上。人人都可以看到，造父变星的星等和亮度变化的周期呈现出非常紧密的关系。一颗造父变星的周期越长，它的视星等也就越亮，这被称作周光关系。因为同在小麦哲伦云中，这些造父变星的距离几乎一样，所以它们的视星等差别就完全反映了绝对星等的差别。换句话说，造父变星的周期和它们的绝对发光能力也应该有非常紧密的关系。

天文界很快意识到勒维特实际上提供了一把测量天文距离的尺子。像造父变星这样的天体现在被称作标准烛光，它们就好像一些标准的灯泡。观测者只需要研究它的光度变化就可以确定它们的绝对星等。只要比较绝对星等和视星等的差别，观测者就可以精确地推定造父变星的距离。

美国天文学家哈洛·沙普利（Harlow Shapley）很快将这把尺子用于测量球状星团的距离。所谓球状星团，是天空中一些密集的恒星集团。这些星团中的恒星从数万颗到数百万颗不等，形态为球状。沙普利认为这些球状星团应该在银河系的各个角落都存在，可以作为银河系形态的参考坐标。如果能够测定出每一个球状星团距离地球的位置，人们就可以知道银河系的大小和形状。

沙普利要做的第一步就是在球状星团中尽可能地寻找造父变星。一旦找到造父变星，球状星团的距离就可以直接通过造父变星法确定。知道了球状星团的距离和再测定视亮度，沙普利就可以确定计算每个球状星团的发光能力。沙普利假设所有的球状星团真实发光能力很类似，这样他就可以进而推测其他球状星团的真实距离了。从1914年开始，沙普利对银河系中的球状星团进行了大规模的研究。他的测量显示地球到银河中心的距离是银河半径的2/3，这让人们正确地认识了太阳系在银河系中的地位。但沙普利的银河系从一端到另一端的距离达到30万光年，这差不多是我们现代测量值（8万光年左右）的近4倍。

世纪大辩论和河外星系

20世纪初，借助球状星团、恒星计数，天文学家逐渐厘清银河系的疆域。但天文学家还不清楚，银河系是不是宇宙的全部。天文学家虽然知道大小麦哲伦云也是独立的恒星系统，但它们距离银河并不太远，看起来就更像是银河的附庸。天文学家不确定是否有其他和银河一样巨大的恒星世界独立于银河系而存在。

回顾银河外宇宙的探索史，人们绝不会忽略掉1920年4月26日在华盛顿史密森国家自然历史博物馆举办的宇宙“大辩论”。这场辩论实际上是美国科学院的年度演讲。辩论的主题围绕着银河系的地位和宇宙的大小展开。这个主题是美国著名天文学家乔治·埃勒里·海尔（George Ellery Hale）建议的。海尔是一位太阳物理学家，同时也是美国最优秀的天文台——威尔逊天文台的台长。他本来想建议美国科学院邀请爱因斯坦来演讲自己的广义相对论理论，但是，美国科学院的秘书担心广义相对论对大多数科学院的会员和听众来说都太过艰涩，于是海尔转而建议邀请美国自己的天文学家来讨论关于宇宙尺度的问题。

海尔邀请的两位天文学家都来自美国加州。其中一位就是在上一节中提到的沙普利。此时他正在海尔的威尔逊天文台任职，刚刚通过球状星团确定了银河系的形状和大小。辩论的另一方是来自利克天文台的希伯·柯蒂斯（Heber Curtis），他是一位更年长的科学家。作为美国科学院的年度演讲活动，这场辩论缺乏真正的唇枪舌剑。虽然在原定计划中，辩论会由双方各一个45分钟的演说和相互诘问组成，但由于柯蒂斯以他的口才著称，沙普利担心在诘问的环节中自己会因为不善言辞而不能充分表达自己的观点，所以和组织者协商，将辩论会去掉了相互提问的部分。

整场讨论的焦点在于银河系中被称作星云的奇异天体。这些天体早在19世纪就引起了赫歇尔的注意，他和他的儿子用两代人的精力在整个夜空中寻找这些天体，编制成包含2500个天体的《通用星云团表》。赫歇尔一度坚信星云也是和银河系一样的巨大恒星系统，只是距离我们太遥远而无法分辨。但是，他自己随后在一些星云中心分辨出了恒星状的点源。这些观测使得他相信星云中的云雾结构并不是恒星，于是放弃了自己的假设。

到了20世纪初，人们渐渐意识到赫歇尔的星云可以分为很多类。其中有的星云确实只是银河系中的气体云，但另一些呈现出旋涡状结构的星云仍然有可能是巨大的恒星系统，并且距离银河系十分遥远。1920年的大辩论就围绕这些旋涡星云的地位展开。

沙普利率先发言，他认为银河系就是整个宇宙。在他的演讲中，他首先汇报了自己长久以来的工作。这涉及测量球状星团距离并使用球状星团来定义银

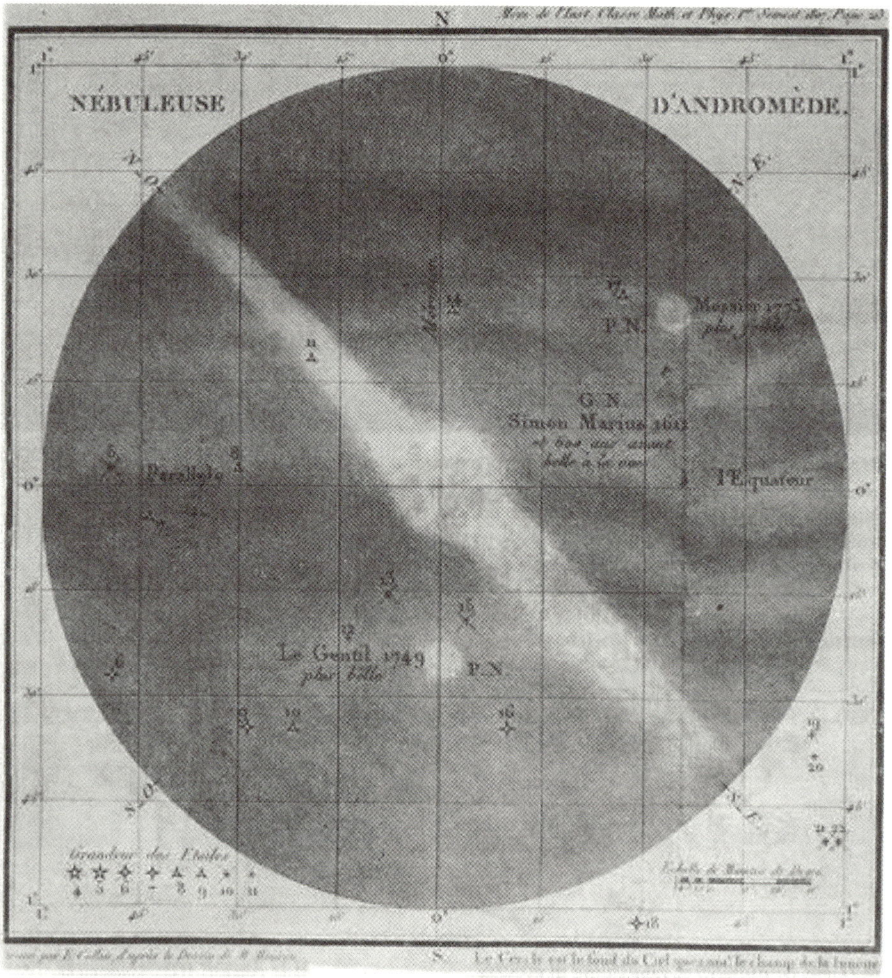

图2.4 18世纪天文学家梅西耶对仙女座大星云的素描

河系的边界的方法。通过这样的方法，他得到太阳系的实际位置并不是在银河系的中心而是偏于银河的一隅（这是正确的结论）。并且他提出银河系的大小是300,000光年。虽然这个数据比今天知道的大了很多，但并不是非常离谱。那么人们观测到的旋涡星云是什么呢？沙普利认为这些旋涡星云完全是由气态的星云物质组成的，它们都在银河系内。对于这个观点，他提出了3个论据。

首先，沙普利提示大家注意旋涡星云在天空中的分布情况。在当时，人们发现的旋涡星云分布向银河系的两极呈增加趋势（垂直于银河系的盘面），而在银河系的盘面附近则几乎没有旋涡星云被发现。如果旋涡星云和银河系是同等地位的星系，那么它们应该在宇宙中均匀地分布。也就是说，从银河系向四处看去，旋涡星云的分布应该是各向均匀的。

沙普利认为这一事实说明旋涡星云必然和银河系有某种联系，银河系的某种性质主导了旋涡星云的分布，所以，旋涡星云理应离银河系并不太远。之后，沙普利引用了1885年在仙女座大星云中心爆发的一颗新星的事件。在这次著名的新星爆发事件中，被称作仙女座S新星的天体，亮度在短暂的时间里竟然可以与整个星系的亮度相匹敌。沙普利指出，如果认为仙女座大星云是恒星的集合体，那么，为什么一颗新星的亮度可以和千亿颗恒星的亮度相比？这样的产能率是不可想象的，甚至是荒谬的。所以只有一种可能，仙女座大星云中并没有太多的恒星，甚至没有恒星。这个证据说明，旋涡星云只是由所谓的星云物质组成的。

最后，沙普利引用了自己好友——观测天文学家阿德里安·范·马南（Adriaan van Maanen）对旋涡星云旋臂旋转速度的观测。范·马南的工作涉及比较不同时期拍摄的星云图片。如果能够发现旋涡星云的旋臂有所变化，那么就可以证明旋涡星云的旋转。当时范·马南已经宣称自己在旋涡星系M101的照片中发现了这种旋转的证据。虽然辩论主题本身并不涉及旋涡星云的位置问题，但沙普利指出，假设旋涡星云和银河系有相同的大小，我们就可以估计得到旋涡星云的距离。如果旋涡星云具有观测到的旋转角速度，那么考虑旋涡星云的巨大距离，它真实的旋转速度将是不可思议地大，以致星云自身会因为这种旋转而解体。

因此，结论只有一个，旋涡星云并没有离我们太远，也并不是很大。

柯蒂斯接着沙普利而进行演讲。他将演讲的主要部分放在反驳沙普利的观点上。

首先，他反驳了沙普利关于大银河系的观点。他指出沙普利对球状星团的测距主要依靠造父变星的周光关系，而这种测量存在很大的不确定性。在他看来，银河系的大小只有30,000光年（这个数值比真实偏小，但也不是小得太过分）。

其次，他反驳了沙普利关于旋涡星云分布和银河系的观点。他指出，旋涡星云的分布特点很可能是由于星际尘埃造成的选择效应。因为银河盘面附近的星际尘埃吸收散射了远处旋涡星系的光，使得它们变得很难观测到。至于沙普利关于新星的论据，柯蒂斯也有自己的观点。他引用了自己对新星的观测，并理论上讨论了并不能排除一类特殊新星可能达到超乎常人想象的亮度。（这也是正确的，后来人们知道，仙女座大星云S新星事实上是一颗超新星，亮度确实可以匹敌整个星系。）柯蒂斯并没有对范·马南的观测提出有力的反驳，但他认为，范·马南的观测涉及不同时期照片的比较，照片质量的差异可能造成虚假的结果，他需要等待更长的时间、更多的比较才能让人信服他的观测是正确的。柯蒂斯也提出了自己的正面观点，对旋涡星云的光谱观测使得他相信，旋涡星云发出的光更像是很多恒星发出的光的集合。

有意思的是，在离开华盛顿的时候，柯蒂斯和沙普利都认为自己赢得了辩论的胜利。柯蒂斯和他的追随者认为，辩论明晰地驳斥了大银河系的观点。而在沙普利的拥护者看来，沙普利提出的都是有说服力的正面观点，而柯蒂斯只能给出不令人信服的反驳。在这个时候，沙普利和柯蒂斯都没有意识到，在不久之后，银河系的地位问题将被一个叫埃德温·哈勃（Edwin Hubble）的年轻人解决。

哈勃出生在美国马什菲尔德。他的父亲是当地有名的律师。哈勃是家中的第三个孩子。少年时期的哈勃是学校最优秀的学生，不仅仅学习成绩名列前茅，并且在体育方面显示出过人的天赋。他在跳高、撑竿跳、掷链球以及铁饼等项目上的成绩都载入了中学的历史记录当中。在大学，哈勃是全国最优秀的大学篮球中锋之一。然而少年的哈勃最希望从事的专业却是天文学，可能他在高中时期的自然科学教师起了重要作用。和今天多数的家长一样，哈勃的父亲坚决反对哈勃从事这样没有“钱途”的事业。哈勃并没有和父亲过多争执，事实上他解决问题的方法是取得一个法律学位来满足他的父亲。

哈勃中学毕业后进入芝加哥大学，以优异的成绩得到准学士学位。之后他获得了非常难得到的罗兹奖学金去欧洲深造，并在牛津大学的女王学院拿到了他父亲所希望的法律学位。但在哈勃的父亲去世后，他又转回了天文学领域。在莫尔顿（Moulton，Forest Ray）的推荐下，他开始在叶凯士天文台攻读博士学位。在读博期间，哈勃主要致力于为暗星云拍照的工作。虽然成绩卓著，但他的注意力开始由简单的观测星云转移到探究星云的本质上。

1920年，哈勃也是威尔逊山天文台的年轻天文学家。大辩论之后，沙普利赢得了哈佛天文台台长的职务，这对他来说是一份巨大的荣誉，但同时，他离开了威尔逊山的2.5米望远镜，这使得他永远地失去了获得天文史上最伟大发现的机会。而哈勃则成为威尔逊山天文台星云研究的旗手人物。那时的哈勃早已经敏锐地意识到，解决大辩论争议的关键是如何定出所谓的"旋涡星云"的位置。而研究的路径其实已经被沙普利指明了，那就是去寻找旋涡星云中的造父变星。那时的哈勃拥有世界上最优秀的望远镜以及大量的观测时间，解决世纪争论只是时间问题。

1923年，在沙普利仍在和各路人马论战的时候，哈勃观测到了仙女座大星云旋臂上的一颗亮星。这颗恒星在发现不久前还非常暗淡，但是在1923年10月初的几天里突然变亮。一开始，哈勃认为这是一个新星。新星是白矮星短暂的爆发现象。

所谓白矮星，是小质量恒星演化的终点，密度非常高。白矮星有时会和其他恒星组成双星系统。在这些双星中，有的白矮星会通过引力作用吸积同伴的物质。这些物质在白矮星表面慢慢堆积，最终会产生短暂的核反应，从而使得亮度迅速升高。哈勃通过检视之前的底片，突然意识到，这个突然出现的天体其实并不是一颗新星，而是一颗造父变星。这样，哈勃就可以测量仙女座大星云的距离了。

利用造父变星的周期——光度关系，哈勃测得仙女座大星云距离地球100万光年，这个距离是沙普利银河系模型的3倍。这不但意味着仙女座大星云是独立于银河系的存在，也意味着它原本应该非常亮，发光能力不逊色于银河系。仙女座大星云一定也是一个巨大的恒星世界。

哈勃发现造父变星后，沙普利是他第一个写信通知的同行。这个消息对沙普利来说犹如晴天霹雳，更不要说，这击破他宇宙模型的一击利用的就是他自己研究出的武器，甚至哈勃用来测量周光关系的底片，有很多都属于沙普利。一段时间内，沙普利似乎希望这是哈勃犯下了低级错误，但不断有更多的变星在其他的旋涡星云中被发现，所有的数据都在支持哈勃的论断：星云确实是和银河系一样巨大的恒星系统，宇宙的疆域远远大于银河系。

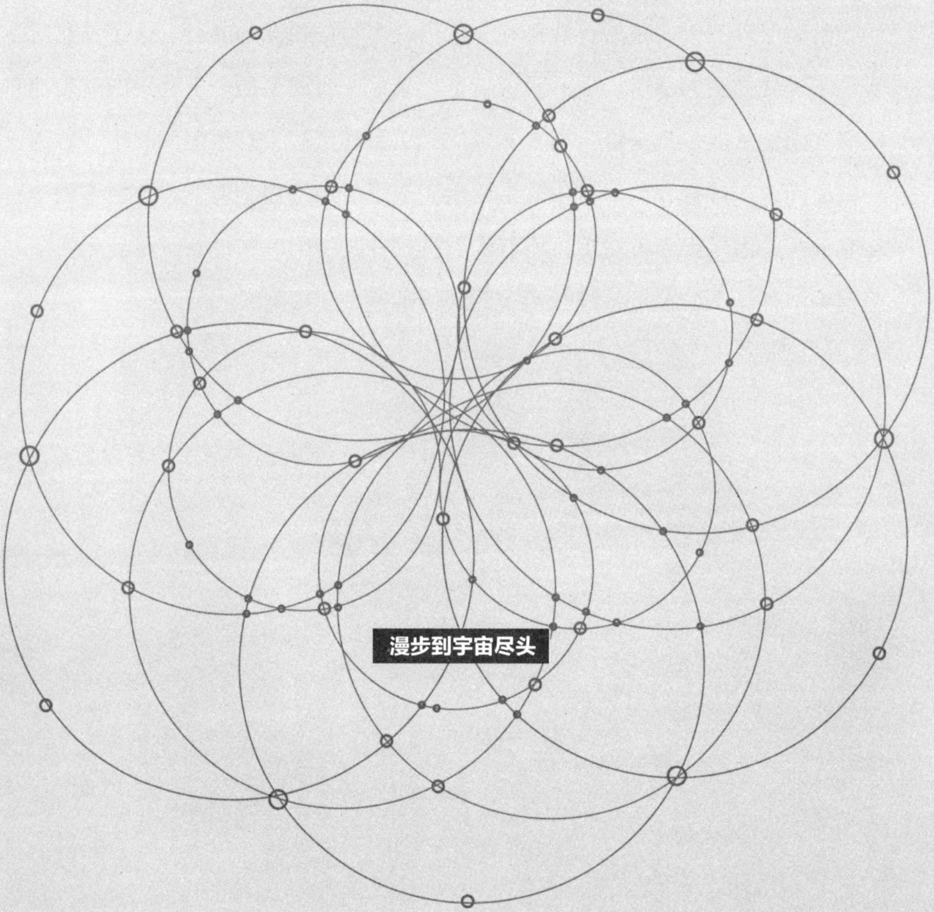

漫步到宇宙尽头

第三站
膨胀中的宇宙

红移－距离关系

1928年的一天，哈勃询问他的观测助手米尔顿·赫马森（Milton L Humason）："你是否愿意和我一起试验一下测量星云的红移？"这一年哈勃39岁，是美国科学院最年轻的院士。4年前，他测量了一系列星云的距离，使人类第一次确定，银河系并非宇宙的全部，夜空中的旋涡星云实际上是一个个和银河一样璀璨的恒星世界，也就是所谓的河外星系。这个伟大的发现为他带来了巨大的声誉。当他和妻子在欧洲旅行的时候，处处受到人们的欢迎，好像他们是皇家贵族。频繁的社会活动使得哈勃亲自爬上望远镜的时间减少，却没有减少他对探索星系世界奥秘的渴求。在欧洲的旅行中，哈勃获得了灵感，开始酝酿一个新的观测计划。

所谓红移是指星系光谱的移动。星系发出的光并不是单色的，而是由不同波长的光组合成的。用光谱仪把星系的光分解成不同频率的光，我们就得到了星系的光谱。 如果星系相对地球有运动，按照多普勒效应，星系的光谱会发生移动。当星系朝向地球运动时，星系发出的光，波长会变短一些；如果星系远离地球而去，它发出来的光，波长就会变得长一些。天文学家习惯将短波长方向称作蓝端，而将长波长方向称作红端。因此，星系光谱的变化就被对应地称作“红移”或者“蓝移”。

早在1914年，美国天文学家维斯托·梅尔文·斯里弗（Vesto Melvin Slipher）就宣称，夜空中的星云都在远离地球而去，因为它们的光谱普遍存在红移的现象。而且，斯里弗发现，越暗的星云远离太阳系的速度就越快。但是在1914年，斯里弗还无法确定星云的本质是什么，也就无法确切地阐释这一现象背后的原因。在进行了十几年的研究后，被测量误差困扰的斯里弗不得不放弃了这个领域。

然而，哈勃在1924年的发现让人类知道了星云其实是银河系外的恒星世界。测量星云红移（或者应该正确地称作河外星系红移）实际上就是测量星系远离银河系的速度。在哈勃看来，研究光谱移动将为绘制河外空间的疆域提供重要线索。

哈勃知道自己具有两个斯里弗不具备的优势。第一个优势是，哈勃有办法测定河外星系的距离，因此他可以研究河外星系红移和距离之间的关系，而这对探索宇宙的结构具有重要的意义。哈勃的第二个优势是，他可以使用当时世界上最好的望远镜——威尔逊山天文台的100英寸胡克望远镜。当时科学界对斯里弗工作的数据质量表示怀疑，猜测他观测到的红移可能不够准确。胡克望远镜远比斯里弗使用的洛厄尔天文台的望远镜强大，因此哈勃不但可以比斯里弗拍摄更暗的星系，而且可以以更高的精度获得红移。

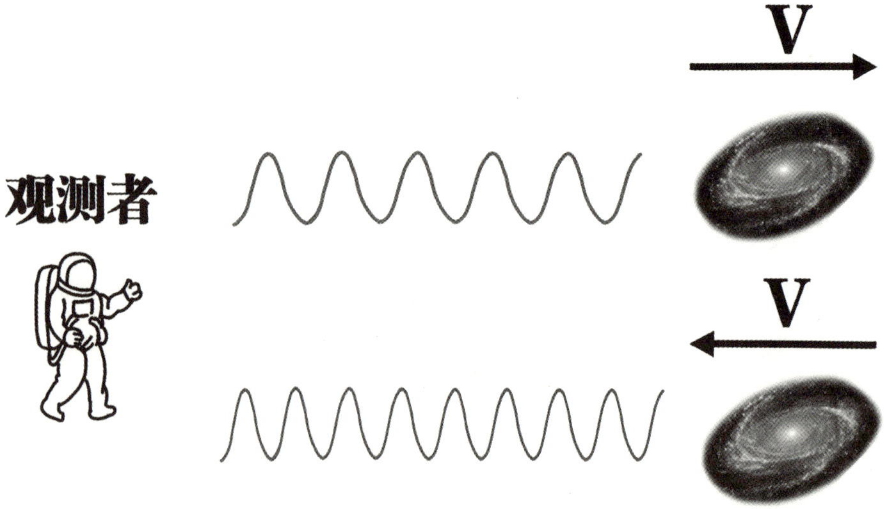

图3.1 星系的红移和蓝移示意图。当星系向观测者运动时，观测者接收到的星光频率会变高（蓝移），当星系远离观测者时，观测者接收到的星光频率会降低（红移）

事实上，哈勃还有第三个优势，那就是赫马森的经验。拍摄星云的光谱，需要长时间的曝光，对天文学家的观测技巧和耐心要求很高，而赫马森是威尔逊山天文台最优秀的观测天文学家。赫马森14岁辍学，没有受过高等教育，最开始是以杂工的身份加入威尔逊山天文台，但他高超的望远镜操作能力很快折服了天文台的天文学家沙普利和台长海尔，成为正式的驻站观测人员。在过去的十几年里，威尔逊山天文台很多重要的观测结果都有他的功劳。当然，哈勃自己也是一个优秀的观测家，但是，他已经慢慢离开观测第一线，赫马森就成了保证他计划成功的重要一环。

让我们来稍微回顾一下哈勃测量星系距离的手段。在上一章，我们已经谈论过三角视差法，这是天文学最准确的距离测量方法。地球在公转轨道上运行的时候，近处的恒星在天球上的位置会因为观测者视线方向的变化而产生相对恒星背景的位移。观测者通过观测目标天体在一年中相对恒星背景的变化，就可以通过三角视差法计算出目标天体的距离。但是三角视差法无法测量非常远的天体，那些非常远的天体在天球上的移动角度太小了。例如哈勃当初就无法用视差法测量河外星系的距离，而不得不使用造父变星测距。

造父变星测距的思路和三角视差法完全不同。造父变星是一种所谓的标准烛光，它们就好比一个个出厂功率标定的灯泡。天文学家通过比较这些灯泡的观测亮度和它们的真实亮度，就可以计算它们的距离。读者需要注意，就好像灯泡的额定功率需要实验校准，造父变星的周光关系也需要其他独立的观测校准。怎么做呢？天文学家先要对太阳系附近的造父变星进行视差法测距，这样，这些造父变星就有了一个独立而精准的距离测量，通过这个距离就可以标定它的周光关系。之后，天文学家就可以将标定好的周光关系用于更远处的造父变星了。

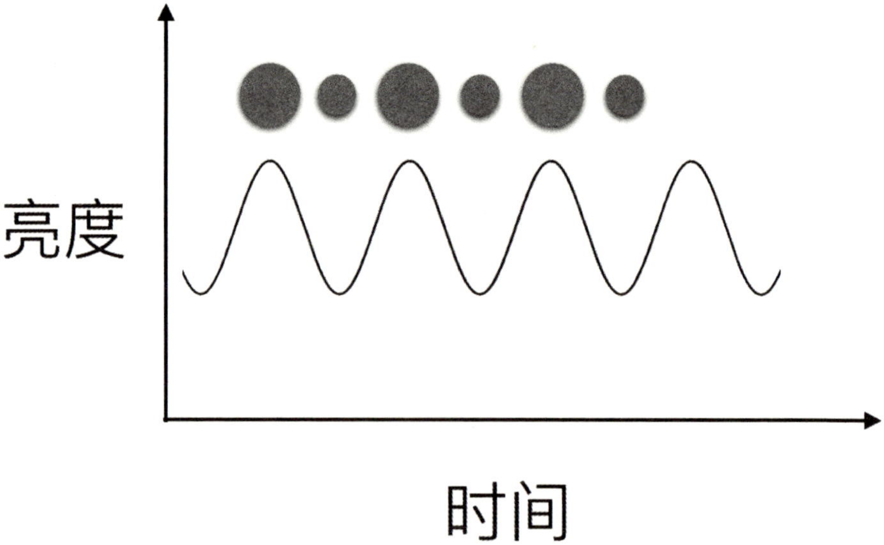

图3.2 造父变星是一种脉动天体，它的体积会周期性地变化。当造父变星变大时，就会显得更亮。而越亮的造父变星，光变周期也越长

造父变星在恒星中算是比较明亮的，但它毕竟只是一颗恒星。当河外星系距离银河系超过150万光年后，即使威尔逊山天文台的望远镜也无法分辨出其中的造父变星。这时候，哈勃必须寻找新的标准烛光来测量距离。而新的标准烛光，则需要造父变星来进行校准。利用不同的测距方法，一级接着一级向宇宙深处迈进，这样一来，哈勃就可以构建宇宙的“距离阶梯”了。

三角测距是哈勃的第一级阶梯，造父变星是第二级阶梯。哈勃和赫马森寻找的第三级阶梯是星系中最亮的恒星。哈勃做了一个简单的假设，认为它们的绝对亮度和银河系中最亮的恒星相同。这种假设的前提是所有的星系都有非常相似的恒星亮度分布。哈勃的第四级阶梯则是星系团的亮星系，他假设在星系团中第五亮的星系总是具有相似的亮度。哈勃的第三和第四阶梯经过观测检验，用今天的眼光来看，这两级新的距离阶梯远不如前两级阶梯稳固。无论如何，哈勃利用它们开始了自己的宇宙探索。

哈勃的计划野心勃勃，他们观测的第一个星系就比斯里弗观测的所有的星系都暗，这显示了胡克望远镜的强大威力。这个星系像预料中的一样，显示出比以前所有星系都高的红移，它以大约3000公里/秒的速度逃离地球，是之前斯里弗测量到的最高的红移星系的两倍。到1929年，哈勃和赫马森已经收集了四十多个星系的红移，虽然能够测量距离的星系只有24个。

1929年哈勃发表了这批观测结果。这篇划时代的论文只有短短6页。在论文中，哈勃将这些星系的红移和它们的距离对应起来，画在一张图上。通过这篇论文，人们惊奇地发现这些星系远离地球的速度（V）正比于星系的距离（D）。哈勃用大写字母K代表星系退行速度和星系距离的比值，计算出K=500 km/s/Mpc，这里的Mpc代表百万秒差距，是一种天文距离单位。1秒差距大约等于3.26光年。换句话说，哈勃的观测意味着326万光年外的星系正在以500公里/秒的速度远离地球。这就是著名的红移–距离关系。为了纪念哈勃的贡献，后来的研究者将这个关系称作“哈勃定律”，并用H_0代替K表示这个定律中的比例系数，H是哈勃姓氏的首字母。

为什么星系会存在红移–距离关系？在1929年的论文中，哈勃没有过度阐释这个关系的内涵，只是谈到它可能反映了宇宙学家谈到的时空效应理论，并没有进一步阐述。

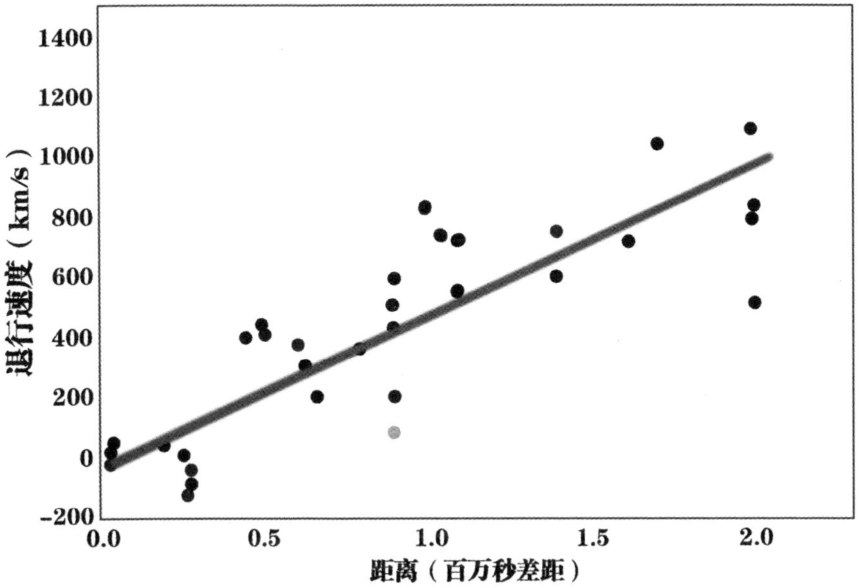

图3.3 1929年哈勃得到的红移－距离关系。图中每一个实心点代表一个河外星系，横坐标表示星系的距离，纵坐标表示星系远离地球的速度。（秒差距是一种天文单位，一秒差距等于3.26光年。秒差距的单位是pc，本书中百万秒差距有时写作Mpc。）Hubble Edwin，1929，PNAS，15，168

宇宙和引力

在继续讨论哈勃的发现之前，让我们来稍稍了解一下时空的性质。1916年，爱因斯坦发表了他的引力理论。和之前所有的物理学家都不同，爱因斯坦开辟了一种崭新的方式来描述引力。在爱因斯坦的理论中，引力完全等价于时空的弯曲。

在牛顿的物理体系中，时空是绝对的、不会变化的，这也是我们大多数人的日常经验。

在牛顿的时空观下，空间和物体的关系就好像一张白纸和白纸上的图画。我们可以在白纸上建立直角坐标系，让白纸上的任何一点由两个独立的坐标表示，但坐标架不会因为图画的存在而改变。

而在爱因斯坦的理论中，空间更像是一张橡皮膜。如果我们将一个重物放在橡皮膜上，橡皮膜就会下陷。如果我们在橡皮膜上再加上一个滚珠，滚珠就会向橡皮膜下陷的方向滚去。像重物弯曲橡皮膜一样，空间中的物体也会弯曲空间。太阳弯曲了周围的空间，使得地球必须围绕着它运动。约翰·阿奇博尔德·惠勒（John Archibald Wheeler）对此有一个非常精妙的总结：物质告诉时空如何弯曲，时空告诉物质如何运动。

如果将广义相对论应用到全宇宙会怎么样？这是爱因斯坦在1917年想要解决的问题。牛顿的绝对时空观有不自洽的地方。一个著名的例子是所谓的奥伯斯佯谬，这个问题可以简单地被描述为“夜晚为什么是暗的？”。

假设宇宙无边无际，全宇宙的恒星分布处处相同，那么，每一颗恒星都会发出一束光线射向地球。地球上每个时刻接收的光线，就是对宇宙中所有经过地球的星光的积分，但是，这个积分是发散的，意味着地球上任何时间接收的光线都趋于无穷，白天和黑夜应该一样明亮。

爱因斯坦意识到广义相对论可以解决这个问题，提供一个自洽的宇宙模型。首先爱因斯坦需要描述宇宙中的物质分布。他采纳了牛顿的宇宙均匀性的假设：宇宙中任何一点的密度分布都相同，或者可以表述为：任何地点、向任何方向观测宇宙的性质都相同。

这个原则在今天通常被宇宙学家称作宇宙学原理。

在1917年，科学家们对宇宙中的物质构成了解的还很少。人们知道银河系中的恒星显然不是均匀分布的，但银河系之外是否存在其他星系世界，这些世界是否在宇宙中分布均匀都仍然是未知之谜。爱因斯坦对观测现实有一些了解，他知道银河系中的恒星运动速度相比光速并不太快，所以猜测在很大尺度上宇宙可能是均匀的。这样的假设看起来逻辑有些问题，但好在后来的观测显示，如果将考察的尺度扩展到上千万光年以上，宇宙中的物质分布就会很逼近宇宙学原理的要求。从另一方面看，采纳宇宙学原理也是不得已之选。广义相对论方程的求解非常复杂，如果宇宙偏离均匀分布，找出一个方程的解将会变得异常困难。

一旦接受了宇宙学原理，爱因斯坦就可以用广义相对论来研究宇宙空间形态和物质分布之间的关系。爱因斯坦发现，通过调试宇宙的密度，宇宙空间就会弯曲闭合形成一个三维的球面。但爱因斯坦也发现这样的宇宙是不稳定的，物质的引力会使得空间收缩。为了使宇宙稳定，爱因斯坦在自己的方程中加入了一个常数。这个常数是广义相对论允许的，但因为在当时无法找到这个常数对应的物理意义，人们一般在推导中将其设为0。爱因斯坦现在必须要加上这个常数，否则他的宇宙就会崩溃。

这个常数在早期宇宙学研究历史中令很多人，包括爱因斯坦本人都感到不适，因为它看上去破坏了物理理论的简洁风格。人们花了很长时间才最终理解这个常数的含义。它可以被看作真空自己产生的引力。和物质产生的引力不同，真空产生的引力是排斥性的，爱因斯坦希望它可以抵御宇宙的崩塌。

为了方便理解爱因斯坦的宇宙，我们可以去掉空间的一个维度（三个空间维度是等价的，可以随意去掉任何一个），这样，爱因斯坦的闭合宇宙就和一个三维空间中的球面长得一样了。所有的星系，包括银河系都会在这个像足球一样的宇宙的表面上。如果我们在这样的宇宙中发射一艘飞船，在经过一段时间后它还会飞回起点。因为这个宇宙的体积是有限的，所以奥伯斯佯谬不再是一个问题。

但是在几年后，苏联科学家亚历山大·弗里德曼（Alexander Friedman）在爱因斯坦的基础上，进一步研究了宇宙的动力学行为，他发现即使加上这个常数的因子，宇宙还是很难稳定地存在，因为很小的扰动就可以使得宇宙偏离稳定状态，对于一个物质均匀各项同性分布的宇宙，膨胀或者收缩是一个自然的状态。有趣的是弗里德曼的本职并不是物理学家，而是数学家。他的主要工作是将流体和气体动力学应用到气象学中。但是当广义相对论传入苏联后，他很快地理解了其重要性，并将之应用于宇宙学领域。

弗里德曼在1922年和1924发表了两篇关于宇宙动力学的经典论文后便在1925年去世了。爱因斯坦本人一开始并不相信弗里德曼的理论，在相当长的一段时间里，稳态的宇宙更符合他的物理直觉，但经过和弗里德曼通信之后，爱因斯坦不得不承认弗里德曼的推导是正确的。

在20世纪20年代，宇宙学是非常冷清的研究领域。弗里德曼的研究发表后，居然长时间没有其他人关注跟进。直到1927年，理论家们才再次回到这个问题。乔治·勒梅特（Georges Henri Joseph Édouard Lemaître）和霍华德·珀西·罗伯逊（Howard Percy Robertson）先后发表了膨胀宇宙的论文，他们还指出，如果宇宙真的是膨胀的话，那么宇宙中的天体距离和它们的红移或者说退行速度之间应该存在关联。

1929年，哈勃发表了关于红移–距离关系的研究。人们开始意识到，哈勃发现的可能是宇宙膨胀的直接证据。

怎样在宇宙膨胀的图像中理解哈勃定律？我们可以把宇宙空间想象成一块巨大的面包，而星系是这块面包上的葡萄干。当面包在烘烤过程中膨胀时，葡萄干就会随着面包的膨胀远离彼此。在最初相距越远的葡萄干，在膨胀的过程中远离彼此的速度也就越快 。

爱因斯坦教授的看法又如何呢?

1929年的爱因斯坦对稳态宇宙的兴趣已经消退了，他开始对自己曾经引入宇宙学常数感到不舒服，把这个常数描述成一生最大的错误（虽然之后的历史表明，宇宙学常数确实存在，而稳态宇宙论也并非他犯下的最大错误）。1931年初，爱因斯坦应邀访问加州理工学院。一路上记者和媒体热切追逐他的一举一动，似乎随时都有几十名记者包围着他，询问他对于一切事物，从相对论到禁酒法的看法。爱因斯坦的每一句话和不经意的评论都可能构成报纸新闻。爱因斯坦善于用玩笑躲避无意义的问题，但记者锲而不舍。

终于，在加州理工的演讲会上，爱因斯坦满足了记者们，在演讲的最后段落，爱因斯坦简短地宣布：美国的哈勃博士和他的合作者对宇宙的研究具有划时代的意义。惊奇的气氛在演讲厅中蔓延，下一瞬间哈勃变成了被记者簇拥追捧的对象。

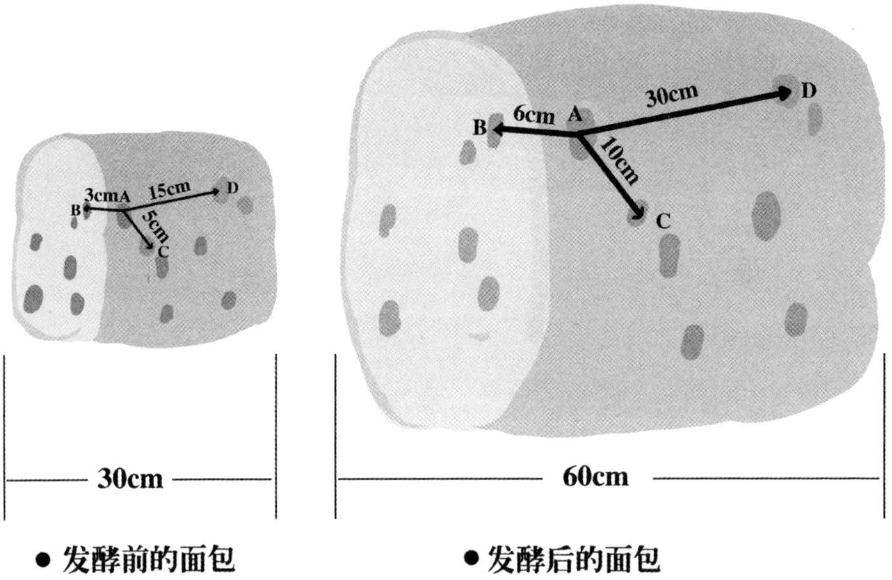

图3.4 我们可以把宇宙空间想象成一块巨大的面包，而星系是这块面包上的葡萄干。当面包在烘烤过程中膨胀时，葡萄干就会随着面包的膨胀远离彼此。在最初相距越远的葡萄干，在膨胀的过程中远离彼此的速度也就越快

哈勃常数的校准

爱因斯坦放弃了稳态宇宙观，发现了宇宙膨胀的哈勃却有点退缩了。在20世纪30年代，哈勃在公众演讲中较少提及宇宙的膨胀。因为当数据不断积攒后，哈勃开始意识到他的距离测量可能存在一定的问题。他发现在他修正了一些潜在的观测误差后，河外星系红移—距离关系竟然变得更差了。

此外，宇宙的年龄问题也在不断向哈勃定律挑战。在广义相对论的框架下，宇宙的年龄依赖于哈勃常数的确定。如果爱因斯坦的宇宙方程中不存在宇宙学常数，那么宇宙的寿命不会长于哈勃常数的倒数。1929年，哈勃测量出的哈勃常数值为500km/s/Mpc。根据这个数值，宇宙的年龄的上限是20亿年。可是地质学研究发现地球上存在年龄超过40亿年的岩石。这岂不是说地球的年龄比宇宙的年龄还要长？

如何解释观测和理论两方面的问题？也许宇宙在以一种奇怪的方式演化，但哈勃相信，更可信的原因是他的观测中存在人们尚未理解的系统误差，他决定在得到确定的结论之前审慎言行。

1948年，帕洛玛天文台的200英寸海尔望远镜建成。这是当时世界上最大的光学望远镜，在之后的30多年里，海尔望远镜一直是世界上效率最高的光学天文仪器。这架望远镜的建成引起了公众广泛的关注，就连望远镜的巨大镜面的运输都成了报纸上的话题。对哈勃来说，这架望远镜正是修订宇宙距离阶梯的利器。1951年，他在演讲中提出了一个新的宏伟计划，他希望用这架望远镜校准测量不同的宇宙距离阶梯，确定精确的红移–距离关系。哈勃原计划利用2～3年时间完成这项伟大的研究，但他的心血管疾病使得他无法亲自完成这项任务。1953年，哈勃突发脑血栓病逝。

哈勃常数的测量是否有问题？1952年，威尔逊山天文台的巴德找到了哈勃常数测量的第一个重要的系统误差，他发现宇宙中存在两种不同类型的造父变星。哈勃用来确定周光关系的造父变星是第一型的，而他用来测量河外星系M31距离的造父变星却是更亮的第二型造父变星。这样，哈勃的第一级阶梯产生了两倍的误差。修正了这一误差后，哈勃常数从500km/s/Mpc降低到大约250km/s/Mpc。这样，宇宙的年龄也增大了一倍，看上去和地球的年龄不那么矛盾了。

更多关于哈勃常数的校准工作是由艾伦·桑德奇（Allan Rex Sandage）贡献的。桑德奇是加州理工学院天文系招收的第一届学生，从本科学习开始就深深地被哈勃的研究吸引，他在威尔逊山天文台师从巴德，学习望远镜观测技巧。不管是从名义上还是精神上，他都是哈勃的学生。在哈勃患病期间，桑德奇担任哈勃的助手。在哈勃去世后，桑德奇成为哈勃校准计划的忠实执行者。某种程度上，桑德奇比哈勃更野心勃勃，他将宇宙学的观测总结为确定两个参数：哈勃常数——本质上反映了临近宇宙的膨胀速率；宇宙的减速因子q0——反映了空间在宇宙历元中膨胀速率的变化。后者同时也可以揭示宇宙的命运，如果q0是负的，或者说宇宙是加速膨胀的，那么就证明爱因斯坦方程中存在宇宙常数，而宇宙将永远膨胀下去。反之，如果宇宙的减速因子足够大，那么宇宙有一天会再度收缩。测量减速因子比测量哈勃常数更困难，后者要求天文学家将宇宙阶梯拓展到宇宙空间的极深处。

1956年，桑德奇发现了哈勃测量中的另一个问题。哈勃用星系中最亮的星作为宇宙距离阶梯的第三阶的标准烛光，但桑德奇发现哈勃找到的很多亮星其实是气体电离区。这些气体电离区比银河系中最亮的恒星要亮得多。在修正了这个问题之后，哈勃常数下降到了180km/s/Mpc。 在随后的十几年里，桑德奇发表了一系列“通向哈勃常数之路”的文章，经过不断积累数据和修正误差，哈勃常数一再下降。到20世纪70年代，桑德奇的哈勃常数已经下降到50km/s/Mpc，是哈勃最初的测量值的1/10。

在20世纪70年代以后，其他的几组科学家也参与到哈勃常数的测量中。其中德沃库勒尔（Gérard Henri De Vaucouleurs）、阿伦森（Marc Acuonson）和莫尔德（Jeremy Mould）等人的研究团组认定哈勃常数在80km/s/Mpc，比桑德奇的50km/s/Mpc大不少。两组人的分歧主要来自对室女星系团中星系的测量。室女星系团是距离银河系最近的星系团，两组研究者都需要室女团中星系的准确距离，才能将测距延伸到更远处的宇宙。德沃库勒尔等人认为室女座星系团中星系的距离大约是5000万光年，而桑德奇则认为对方的这些测量没有干净地去除观测选择效应，真正的距离值应该在7000万光年。在红移相同的情况下，桑德奇的星系的距离更远，所以他得到了更小的哈勃常数。

哈勃常数研究主要受限于阶梯校准的关键步骤——造父变星的距离测量。造父变星本身是最准确的标准烛光，同时也肩负着校准其他距离阶梯的任务。但地面望远镜只能测量少量的近邻星系中的造父变星。1991年，美国科学家将一个口径2米的望远镜发射到了太空轨道上。这架望远镜以哈勃命名，被称作哈勃太空望远镜。当哈勃望远镜上天以后，造父变星的测量状况大大改善。由于没有大气的影响，哈勃望远镜具有无与伦比的分辨力和探测深度，可以轻松地分辨室女星系团中的造父变星，并且精确地测量其亮度变化。

测量哈勃常数正是哈勃望远镜的关键科学目标之一。这个计划由美国天文学家温迪·弗里曼（Wendy Freeman）领导，他们收集了更大的造父变星样本，并用伊巴谷卫星的视差测距数据对本地造父变星周光关系进行了精确定标。到2001年，室女星系团中造父变星的距离已经被测量得很精确。在2001年5月，弗里曼等人发表了最终的观测结果。结果显示的哈勃常数在桑德奇和德沃库勒尔的结果之间，为72km/s/Mpc，误差为10%。

暗能量和
宇宙膨胀的加速度

桑德奇认为宇宙学观测的另一个重要目的是测量宇宙膨胀的加速度，或者说减速因子。我们前面提到过，宇宙中的物质产生的引力，总是倾向于使得空间收缩，或者膨胀速度减慢。如果想要让宇宙加速膨胀，就必须有排斥性引力的来源。我们已经知道，爱因斯坦的宇宙学常数就可以提供这项排斥性的引力。

宇宙学常数的物理含义是什么？它可能是爱因斯坦方程中的一个参数，但理论学家们不太喜欢这个解释。这使得他们困扰，为什么这个常数会取一个特定的值，而不是另一个。在今天的大多数研究中，宇宙学家倾向于相信宇宙学常数反映了真空所具有的能量。真空怎么会具有能量呢？从现代物理观点来看，真空并非虚无一物，而是布满了物理场，所以很自然地，真空也应该具有能量。

如果通过对宇宙空间演化的测量告诉我们宇宙是加速膨胀的，那么宇宙学常数，或者说真空能的存在就完全被证实了。减速因子的测量比哈勃常数的确定还困难些，需要天文学家观测红移非常大，也就是非常远的天体。当红移超过0.3以后，宇宙阶梯的选取就变得非常困难。桑德奇在经过各种测试后，选择使用星系团中最亮的椭圆星系作为标准烛光。但很多椭圆星系的研究者，都指出椭圆星系的性质是随红移演化的，并不是非常好的标准烛光。20世纪90年代，桑德奇自己也承认，确定宇宙膨胀的加速度绝非易事。

幸运的是，随着对超新星研究的进展，Ia型超新星被认为是一类非常适合的标准烛光。这类天体非常的明亮，即使非常遥远，也可以被观测到。一般认为，Ia型超新星的形成起因是双星系统中白矮星吸积一颗伴星物质而超过钱德拉塞卡极限（白矮星理论上的质量上限）质量导致超新星爆发。Ia型超新星具有非常接近的最大光强和相似的亮度变化曲线，是非常理想的标准烛光，距离和红移很容易确定。但是，要通过红移-距离关系确定宇宙学常数，人们必须获得足够数量的超新星，而超新星爆发是宇宙中极其稀少的现象，如何搜寻超新星一度成为问题。

1988年，索尔·帕尔马特（Saul Perlmutter）建立了超新星宇宙学计划（Supernova Cosmology Project）。帕尔马特提出了一种搜寻高红移超新星的办法：利用大视场望远镜在每次新月夜（天空最暗时）拍摄同一天区的照片。如果在两次拍摄间隙该天区出现超新星爆发，则会在照片上显示为新的亮点。利用快速图像分析技术，该天区出现的任何超新星都可以被辨认，并由夏威夷和智利等处的更大型望远镜继续追踪观测。晚些时候，布莱恩·保罗·施密特（Brian Paul Schmidt）在澳大利亚的斯壮罗山天文台建立了一个竞争小组——高红移超新星搜索计划（High-z Supernova Search Team）。利用新的观测方法，两个小组很快观测到了一系列新的Ia型超新星，并在1998年和1999年发表了两篇突破性的文章。两个小组通过超新星测得的红移-距离关系明确地显示宇宙学常数不为零，证实了我们生存在一个加速膨胀的宇宙中。今天我们计算得到的宇宙学常数或者说真空能对应的能量密度约为0.7倍的宇宙临界密度，相对地，宇宙中物质对应的能量密度约为0.3倍的宇宙临界密度。

宇宙学家们仍然不知道如何解释为什么宇宙学常数的数值是这样的，大多数的理论估算给出的数值要比宇宙学测量的结果高出100多个数量级。今天人们往往将宇宙学常数对应的真空能称为暗能量。理解暗能量的本质是21世纪宇宙学最重要的问题。

自洽的宇宙学模型和新波澜

21世纪初，一个所谓自洽模型的宇宙学图像建立起来。在这幅宇宙学图像中，宇宙由4种不同的组成部分构成：重子物质，就是我们平常所说的物质，一切生命，一切星球，一切可见的东西都是重子物质构成的，但是它们只占宇宙质能总量的4%；暗物质，指的是不参与电弱相互作用，无法通过电磁波观测到的物质。人们发现这类物质只能通过它的引力效应。暗物质在宇宙中比可见物质多好几倍；辐射，这个组成部分最主要的是微波背景光子，但是这类组成部分占总能量的比重非常小，还不到万分之一；暗能量，从总量上说是宇宙中最重要的组成部分，占宇宙质能总量的70%，它提供了宇宙加速膨胀的动力。在最简单的自洽宇宙学模型中，暗能量的能量密度处处相同，不随时间变化，它的效果等同于爱因斯坦宇宙方程中的宇宙学常数。给定不同组成部分的能量密度，再测定哈勃常数，宇宙的整个演化历史就可以确定下来。宇宙微波背景辐射，宇宙大尺度结构形成，超新星红移–亮度关系等观测都可以用自洽模型来解释。

宇宙学标准模型的建立是现代宇宙学研究的巨大成功，但我们是否得到了宇宙的完整故事？在最近几年，哈勃常数的新测量结果又掀起了波澜。2013年，微波背景辐射（我们会在后面的章节讨论它）探测器PLANCK卫星发布了数据分析结果，显示哈勃常数的数值应该是67.3km/s/Mpc，误差正负1.4km/s/Mpc。这个数值看起来只比哈勃望远镜定出的数值低了一点，但是由于误差很小，引起了一轮新的哈勃常数测量热潮。2016年，亚当·盖伊·里斯（Adam Guy Riess）领导的哈勃常数测量队伍，再次用宇宙阶梯法测量了哈勃常数。这次，他们收集了临近宇宙中的2400颗造父变星，以及300颗Ia型超新星，将哈勃常数的测量精度推进到2.4%。

里斯测量到的哈勃常数数值是73.24/km/s/Mpc。用统计的语言来讲，里斯团队的测量结果和PLANCK卫星探测的结果差别达到了3倍标准差，这是任何天文学家都不能忽视的差别。在2016年，H0LiCOW团队发布了基于引力透镜数据的哈勃常数独立测量，结果是71.9km/s/Mpc，误差为3.8%，更接近里斯的结果，而和PLANCK卫星对哈勃常数的测量有显著差别。

如何理解PLANCK卫星和哈勃望远镜测量的差别？从观测上看，弗里曼和里斯等人的测量主要基于银河系邻近宇宙中的标准烛光，反映了邻近宇宙的空间膨胀。而微波背景辐射的研究则是通过解读宇宙诞生38万年以来的空间演化来确定哈勃常数。

如果里斯等人的测量是精确的，那么不同观测的差别可能反映宇宙膨胀比我们想象的更复杂，它在后期膨胀的速率比预想的要更快。在爱因斯坦宇宙学方程中，宇宙膨胀加速的动力来自暗能量提供的排斥性引力。在PLANCK研究组的微波背景辐射的论文中，暗能量密度被假设为一个常数。换句话说，研究者假设暗能量密度不随时间变化。但从理论来讲，随时间变化的暗能量密度是允许的。如果在漫长的宇宙历元中，暗能量密度有缓慢的演化，就可以在宇宙晚期提供更多的排斥力。

此外，微波背景辐射的解读，依赖于宇宙中的物质成分模型，特别是受到宇宙中的中微子种类的影响。现在，科学家认为宇宙中共有3类中微子，但理论上允许有更多种类的中微子存在。如果在3类中微子外还存在人类尚未认识到的中微子，那么标准尺的理论计算就存在误差。这种误差就会导致微波背景辐射的数据被错误解读，从而导致对哈勃常数的低估。

令人兴奋的是，无论是哪种可能性，都意味着出现了新的物理知识。在过去的10年中，有人会沮丧地说宇宙学已经进入了精确测量时代，天文观测只是修正宇宙学模型参数的重复劳动。但事实表明，当测量精度进一步提高，过去看上去自洽的故事就有可能发生新的裂痕。而在这种裂痕里，将生出新的物理世界。

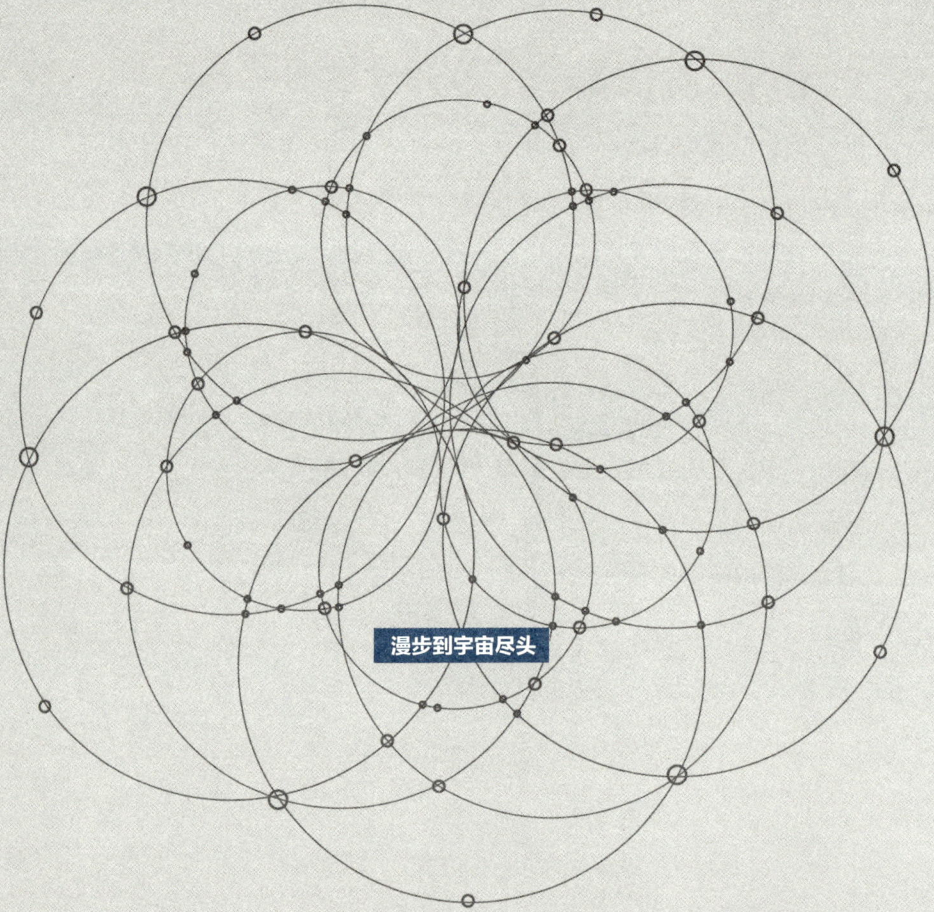

漫步到宇宙尽头

第四站
宇宙诞生

R o a m i n g   T h e   U n i v e r s e

逆着时间回溯

哈勃发现远处的星系总是远离银河系而去，这反映了宇宙的膨胀。在这里我们需要再次强调一下宇宙膨胀的含义。这种膨胀是一种空间的膨胀，它并不使得宇宙中所有的物体都同比例膨胀。对于星系这样已经由引力束缚的稳定天体系统，宇宙的膨胀并不会使其变得更大。只有在非常大的尺度上，物体才会因为宇宙的膨胀远离彼此。为了理解这一点，我们可以重新拿出面包的比喻。让我们想象宇宙是一个葡萄干面包，当面包膨胀的时候，葡萄干彼此会相互远离。但是，每一个单独的葡萄干都是非常紧实的，它们并不会随着面包的膨胀而变得更大。星系就像是宇宙中的葡萄干，它们自己不会随着宇宙膨胀而改变大小，只会彼此远离（事实上，只有距离比较远的星系才会随着空间膨胀彼此远离，距离较近的星系之间的相互引力会帮助它们抵御宇宙膨胀）。

现在，让我们来换个角度思考一下宇宙膨胀的意义。如果宇宙空间中的物质不凭空增加，那么宇宙空间的膨胀必然导致宇宙中物质的密度减小。这也意味着昨天的宇宙会比今天的更小一点，密度更大一些。如果我们还记得上面葡萄干面包的比喻，我们就知道这意味着星系互相更靠近彼此，但每一个星系仍然保持同样的大小和结构。随着我们进一步向过去回溯，星系都会慢慢地挤在一起，这意味着星系的结构并不能永远保持。当宇宙的尺度只有今天的1/100的时候，宇宙的平均物质密度就会比现在高出100万倍，这个密度和今天太阳附近区域的物质密度差不多。我们必须承认，在这个时候，宇宙中是不存在星系的。

如果我们继续向过去追溯，宇宙的密度会更高，甚至高于恒星、行星的密度。我们在这里得出了一个并不平凡的结论：早期宇宙并不是今天宇宙的一个微缩模型，今天看到的宇宙中的各种结构实际上都是演化的产物。早期的宇宙中，物质应该主要以基本粒子的形式存在，粒子的分布应该是趋于均匀的，只有比较小的密度涨落。

另一个不太明显的推论是，宇宙过去会比今天更热一些。我们在上一章中已经讨论过，光子在宇宙膨胀的过程中发生了红移，波长变长。我们知道光子的能量完全取决于它的波长，波长更短的光子能量要高于波长较长的光子。所以在宇宙膨胀的过程中，光子事实上损失了能量。而如果我们沿着时间回溯，光子的能量就会增加，密度也会增加。在过去的某个时刻，宇宙中一定充斥着高能量的光子。我们已经讨论过，宇宙早期的物质密度是很高的。这样的情况下，光子和实物粒子会不断地发生碰撞，高频率的碰撞会使得早期的宇宙处于热平衡状态。当宇宙尺度进一步缩小的，宇宙中的温度就会继续升高。

宇宙的基本组成单元

如果想要进一步探讨宇宙早期的状态，我们需要暂时从宇宙这个宏大的对象离开，考虑一下物质世界的基本组成问题。

受过基本科学教育的人应该至少听说过原子的概念。原子这个名词来源于古希腊哲学家德谟克利特（Demokritos/Democritus），意思是“不可分割的”。我们可见的物质世界都是由原子构成的。不同的原子具有不同的质量和化学性质。人的主要构成成分是水和蛋白质。水分子由两个氢原子和一个氧原子构成，而蛋白质的组成要复杂得多，但主要成分是碳原子、氢原子和氧原子。

但从现代观点来看，原子并不是世界最基本的组成部分，也绝非不可分割。一个原子可以被分为两部分，带正电荷的原子核和带负电荷的电子。每一个电子都带有精确相同的负电荷量。只要计算原子中的电子数目，就可以算出原子所带的负电荷量，如果一个原子中有5个电子，那么它就带有5份负电荷，半份电子电量的概念在这个世界上是不存在的。原子核带的正电荷数目和电子数目精确相等，所以原子整体是中性的。

电子的质量只占原子质量的千分之零点几，原子主要的质量集中在原子核里。原子核由质子和中子这两种粒子构成。质子是原子核正电量的携带者。每一个质子携带的正电量正好等于每一个电子携带的负电量。在一个完整的原子中，质子的数目总是和电子的数目相同。中子的质量和质子几乎相同，但中子不携带任何电荷。

每个电子和另一个都是一模一样的。质子和中子也如此。这是一个非常有趣的现象，和我们日常生活中的经验绝不相同。在日常生活中，我们绝对看不到两个一模一样的物体，建造房屋的砖块，即使是从同一个工厂同一天生产出来，在细节上也仍然有显著的差异。但当我们进入微观尺度，我们发现组成世界的最基本粒子只有几个基本的类别，每一个类别的粒子相互之间毫无差异。

一种原子可以有几种不同的同位素。不同的同位素原子有相同的质子数，但是中子数不同，它们有类似的化学性质。这些同位素原子合称为一种元素。比如氢元素有3种同位素：氕、氘、氚。氕是最常见的氢同位素，也是宇宙中最简单的原子，氕原子核就是一个质子。在通常不特指的情况下，氢原子就是指氕。氘原子核则是由一个质子和一个中子构成，而氚是由一个质子和两个中子构成。天然存在的氢元素中，有0.02%的氘原子。由两个氘原子加一个氧原子构成的水分子被称作重水。

早在19世纪中期，近代物理学家们就找出了敲开原子的办法：只要用一束紫外光照射在锌制成的电极上，就会使后者放出负电荷而带正电荷。但如果用低频率的光照射，无论光的强度如何增大，金属电极都不会失去负电荷。1905

年，爱因斯坦在他的奇迹年[1]里解开了这一现象的谜底，关键在于如何看待光。爱因斯坦假设光的能量是一份一份的，每份光的能量和光的频率正相关，频率越高，一份光的能量也就越大。如果一份光的能量超过了电子和原子核的结合能量，它就可以将电子从原子中敲离出来。紫外光频率较高，因此可以很容易地将金属中的部分电子敲出来，低频率的光照射就无法达到这样的目的。光电效应是最早被发现的量子物理效应之一。爱因斯坦因此获得了1921年的诺贝尔物理学奖（虽然无论他自己还是舆论都认为这远远算不上他最伟大的物理成就）。

1911年，欧内斯特·卢瑟福（Ernest Rutherford）确定了原子核的大小。他用阿尔法粒子（后来人们知道这是氦原子核）轰击金箔制成的靶子。大多数粒子穿过了金箔，但有少量粒子的路线被严重偏折了，甚至有极少量的阿尔法粒子被反弹回来。通过这种方法，卢瑟福断定原子核在原子中只占有很小的体积，其外是电子分布的区域。

1931年，居里夫人的女儿伊雷娜·约里奥–居里（Irène Joliot–Curie）和她的丈夫敲开了原子核。他们用阿尔法粒子轰击铍制成的靶子时，产生了一种中性的粒子流。但居里夫妇却错误地把这粒子流当成了一种伽马射线（一种高能光子流），并起名为铍射线。但卡文迪许实验室的天才物理学家詹姆斯·查德威克（James Chadwick）敏锐地意识到了这可能正是他苦苦追索的亚原子粒子。当时，查德威克已经意识到原子核应该并不完全由质子构成，因为很多原子的质量并不等于电量和质子质量的乘积，这暗示着原子核中除了质子还存在

---

1. 爱因斯坦的奇迹年：1905年，爱因斯坦26岁，当时他已结婚，有一个儿子，家庭负担很重。然而，他却利用业余时间，在一年之中发表了5篇划时代的物理学论文，创造了科学史上的一大奇迹。

一种不带电的基本粒子。查德威克用居里夫妇制造的铍射线撞击了不同的靶标，最终证明了这就是原子核中缺失的拼图“中子”。

居里夫妇和查德威克的实验方法是粒子物理实验的基本方法。核心思想是加速粒子，让它们互相碰撞，在碰撞过程中有可能会将原本的粒子“撞碎”产生更基本的粒子。早期的加速器非常简陋，在一张卢瑟福的实验室照片里，他的全套仪器都可以放在一张不大的桌子上。大炮为了发射出更快的炮弹，需要加长炮管，以获得更长时间的加速。加速器也类似，为了将粒子加大到更高能量，就必须造得更大。目前地球上建造的最强大的粒子加速器是位于瑞士日内瓦的大型强子对撞机—— LHC（Large Hadron Collider）。这台人类历史上最精密的仪器，周长27公里，深埋在底下175米处，吸引了全世界超过10,000名高能物理学家为其工作。LHC可以在14Tev的能级上工作。2009年一年，LHC耗电达到800兆度，价值1900万欧元。

通过加速器，科学家打碎了中子和质子，并且找齐了它们的组成零件——夸克。夸克一共有6种，其中上夸克和下夸克是组成中子和质子的零件。此外科学家还通过加速器找到了其他五十几个基本粒子。这些粒子的相互作用可以精确地由一个被称为粒子物理“标准模型”的理论来描述。这个标准模型目前已经成功解释了几乎所有的粒子加速器中的碰撞结果。但理论物理学家们仍然对这个标准模型不太满意，因为这个模型中所有粒子的基本性质，比如质量，还必须用实验来确定。这就好像一个人要研究一把椅子的制作方式，虽然他已经成功地将椅子分解成了不同的木件和螺丝，但不知道为什么这些部件要被做成这个样子。此外，标准模型中没有能够和引力理论结合，这在大多数物理学家看来是至关重要的。

宇宙大爆炸

现在让我们结束对粒子世界的探索回到宇宙演化的剧目中吧。当我们一步步地向宇宙早期追溯，宇宙就会变得越来越热，物质的密度也越来越高，整个宇宙变成了一个巨大的粒子加速器。当宇宙的年龄越小，其中的粒子就以越基本的形式存在。例如，氢原子核和电子的结合能是13.6电子伏特。当宇宙的温度超过10,000摄氏度，宇宙就会存在大量超过13.6电子伏特的高能光子。这些光子可以轻易地将电子从氢原子中打飞。在这种情况下，宇宙中就不会存在完整的氢原子，而只能有自由的氢原子核和自由电子。同样，当宇宙进一步缩小，温度进一步升高时，氢原子核，甚至质子、中子也不能存在，物质只能以夸克、电子、中微子等更基本的形式存在。

这样的推演极限在何处？当宇宙年龄只有10^{-12}秒的时候，宇宙中碰撞的剧烈程度就相当于处处都在大型强子对撞机LHC内部，但这仍不是我们回溯的尽头。广义相对论和热力学仍然允许我们推算更早期宇宙中粒子气体的温度，显然，我们不应该将推演持续到宇宙年龄为0的时候。因为按照我们上面的逻辑，在那个时刻，宇宙中的温度应该是无限高，密度也是无限大。无限在数学中是有意义的概念，但物理学家一般并不认为无限的密度是一个合理的结论，如果无限的密度出现在结论中，很可能是因为计算者使用的方程缺失了关键的部分，或者干脆使用了错误的方程。

在宇宙的推演中，我们缺失了什么？一个明显的答案是量子物理。

当我们将宇宙追溯到极早期时，今天我们观测到的宇宙就会被压缩到一个极小的体积内。而任何讨论极小尺度的理论，都必须考虑量子力学的效应。量子力学预言任何事物量在小尺度上都是不停抖动（或者物理上称作涨落）的。这种效应必须被加入宇宙起源的探讨中。但如果直接将量子力学和广义相对论应用到宇宙早期，我们会得出宇宙创生时密度无限大，密度的抖动也是无限大的结论，这是一个没有意义的答案。

理论家们至今仍在研究如何将量子力学和引力论结合在一起写出新的方程，但这异常艰难，难度并非完全来源于理论构造，事实上理论家们已经提出了多种不同的方案，但缺乏实验数据严重妨碍了研究的进展。广义相对论作用的区域要求物质密度足够大以至引力不可忽略，而量子力学在微观尺度主导自然现象。在大多数情况下，在量子力学主导的尺度上，引力影响并不重要。只有在宇宙诞生这种极端条件下，极大的质量才会集中在极小的区域中。

物理学家们一般用普朗克时间来表示宇宙诞生之初量子引力定律主导的阶段。这个时间的量级是10^{-43}秒。我们无法观测到宇宙创生的时刻（后面我们会谈到这一点），因此我们没有办法知道在量子引力规律主导下的自然现象究竟是什么样的（事实上，宇宙中还有另一处也由量子引力定律主导，那就是黑洞中心的奇点。同样，我们无法观测到这个地方，因为黑洞的视界将它包裹得严严实实。）

当宇宙年龄显著长于普朗克时间时，我们不需要考虑宇宙中的量子效应，只需要用广义相对论和热力学定律就可以推演宇宙的演化。当宇宙的年龄等于普朗克时间时，宇宙的温度是10^{19}GeV。这个时刻也被称作经典宇宙的诞生的时间，或者宇宙大爆炸的开端。需要注意的是，宇宙大爆炸理论并不要求宇宙从一个点开始。事实上，如果今天宇宙是无穷大的，那么在普朗克时间时，宇宙也一定是无穷大的。宇宙完全可以从开端就无穷无尽。

宇宙中的元素合成

好了，倒带时间结束。现在让我们在宇宙大爆炸的背景下，讨论一下宇宙中的原子是如何合成的。

在大爆炸之后，宇宙空间迅速膨胀，物质密度迅速下降，温度也迅速下降。到宇宙诞生后零点几秒的时候，宇宙温度已经降到了10Mev以下（差不多几百亿摄氏度），质子和中子开始在宇宙中大量地产生。

我们前面说过，所谓氢原子核，其实就是质子。从这个意义上讲，宇宙在这个时候已经形成了最轻的原子核。在宇宙温度比较高的时候，质子和中子是可以互相转化的，但是随着宇宙膨胀，温度进一步降低，到1秒钟以后，质子和中子的转化就停止了，两种基本粒子的数量比就冻结在了7:1这个比例上，质子多，中子少。自由的中子是不稳定的，它大概10多分钟就会衰变一半，变成一个质子和一个电子。如果中子全部衰变了，那么宇宙中就全是氢元素了。但宇宙膨胀的速度非常快，宇宙诞生后100多秒，宇宙温度就下降10亿度以下，这时候一个质子和一个中子可以结合形成氢的同位素：氘。在原子核里，中子是稳定的。所以宇宙大爆炸中产生的中子在这个时候都在原子核里保全下来了。

氘在核元素合成的链条上是一个中间产物，氘原子可以通过不同路径最终形成氦。到宇宙年龄为3分钟的时候，几乎所有的中子都到了氦（^{4}He）里面。氦原子核的质量是一个氢原子核的4倍。如果记得我们刚才说过宇宙质子和中子的比例是7:1，那么很容易可以推算出来，这个时候氢和氦的质量比例是3:1，也就是宇宙元素的质量组成中75%是氢，25%是氦。

随着时间流逝，宇宙变得越来越冷，而宇宙中的元素合成反应再往下进行就很困难了，因为自然界没有核电荷数是5和8的稳定原子。核电荷数是6的稳定原子中有一个是锂的同位素（^{6}Li），但是^{6}Li的形成率很低。所以下一个能够形成的原子实际上是^{7}Li。等^{7}Li可以开始形成的时候，宇宙已经非常冷，密度也比较低了，原子和原子之间很难进一步进行核聚变。所以宇宙大爆炸核合成过程最后只形成了非常少量的^{7}Li。

到宇宙年龄为1小时的时候，核合成已经完全停止，宇宙中的元素组成是75%的氢、25%的氦和极为少量的锂。

我们知道，在今天我们的地球上，大气里最多的元素是氮，其次是氧，地壳里占质量比例最大的元素是氧，之后是硅、铝和铁。整个地壳中包含了近百种不同的天然元素，其中包括了在人类历史上被大量用作货币的金、银和铜。这些元素从何而来？答案是恒星演化。

在宇宙诞生之初，宇宙中的物质处于高温、高密度状态，粒子和粒子之间频繁接触，保持热平衡状态。此时，物质相互之间的引力不足以战胜粒子的热运动，因此宇宙中不存在任何显著的结构。但随着宇宙的膨胀，宇宙中的温度急速降低。引力就变得慢慢重要了起来。在一开始，宇宙处处密度都差不多，只有微小的差别。随着时间推移，密度稍微高一些的地方会吸引更多的物质聚集。宇宙中最初的元素——氢和氦就这样慢慢地聚集起来，形成一个团块。天文学家一般会把这些团块称作“气体云”。随着这些团块越长越大，它们中心的密度和温度会再次升高，最终，团块中心最密集的地方温度会再次达到原子核反应的要求。这时候，元素合成就会继续。最先进行核反应的还是氢元素。4个氢原子核经过聚变反应会生成1个氦原子核，此外还伴随着能量的释放。氦原子核和4个氢原子核的质量有微小的差异，后者要重6.6466×10^{-27}kg。这大概是4个氢原子核质量的0.7%。爱因斯坦的相对论告诉我们，这些质量会转化为能量释放出来。释放的能量等于质量乘以光速的平方。核聚变反应点亮了致密的云核，恒星就此诞生。

在恒星演化过程中，较轻的元素可以合成较重的元素。小质量的恒星的核心处可以产生碳元素和氧元素。更重的元素需要在大质量恒星的演化中形成。

宇宙中第一代恒星的质量都非常巨大。理论估计至少为100倍太阳质量。大质量的恒星会迅速地燃烧自己的生命，剧烈地爆发。恒星的死亡会将已经形成的重元素带入星际气体中。重元素对星系际云团的冷却有重要作用，这会帮助较小质量恒星的形成。在今天的银河系中，大多数的恒星是质量小于太阳的恒星。

大爆炸宇宙学的主要框架是美国的俄裔物理学家乔治·伽莫夫（George

Gamow）在20世纪40年代提出的。他和他的学生拉尔夫·艾舍尔·阿尔菲（Ralph Asher Alpher）在1948年合写的论文中描述了宇宙早期的高温、高热环境，并指出了原初元素合成的图景，然而“大爆炸”这个名词却来源于弗雷德·霍伊尔（Fred Hoyle），后者解开了恒星元素演化的最关键的几个问题，尤其是铁元素的形成问题。有趣的是，霍伊尔本身是大爆炸宇宙学的反对者，大爆炸这个名字是他在一次采访中的戏谑之言。在他看来，想象宇宙具有一个起始点未免太奇怪了，更不要提大爆炸宇宙学也许预言宇宙起始的时候密度竟然无穷大。霍伊尔在之后提出了自己的“稳态宇宙学”理论。霍伊尔的理论并没有否定宇宙的膨胀，但在他的理论中，宇宙在不断扩张的同时，也在不断创造新的物质。这样如果沿着时间回溯，宇宙空间虽然在收缩，但因为物质也随之以相应的速度消亡，所以宇宙整体看起来和今天没有不同。

理论物理学家往往将理论的简洁优美作为研究的一个重要方面。在物理学史上，很多时候物理学家的直觉和对理论形式美的追求帮助他们获得了正确的答案。广义相对论的创建就是这样的一个例子。但伽莫夫和霍伊尔的争论某种程度上说明了：即使顶尖的物理学家，也可能对什么才是简单而优美的理论产生不同的观点。

大爆炸的遗迹

伽莫夫的大爆炸理论并非只是脑海中的思想实验，在20世纪40年代末到50年代初，伽莫夫和他的学生发表了一系列文章，深入探讨如何寻找大爆炸在宇宙中留下的证据。

如果读者记得光速是有限的，就会发现大爆炸的遗迹应该很容易看到。假设我们在今晚看到夜空中有一颗距离我们10光年的恒星死亡，爆发为超新星，我们需要提醒自己，这颗恒星实际上在10年前就已经消亡，只不过它死亡时发出的光线今天正好传播到地球。换句话说，当我们观察越远处的天体时，看到的是它越古老时期的样子。我们能够观察到的宇宙最远的地方，那里的光线应该从宇宙诞生之初就径直向我们传播而来，今天刚好到达地球。在地球上，我们向任何一个方向看去，都应该能够看到某个地方在宇宙诞生之初发出的光。

但宇宙诞生之初的光，并不是从产生开始就沿直线运动的。我们之前谈到了宇宙的原子核形成过程，这大概是宇宙诞生后一小时以内发生的事情。在这个时候，原子核还没有形成中性的原子，因为宇宙中的电子的动能还很高，不能和原子核结合。宇宙中此时除了自由的粒子，还有大量的高能光子。由于宇宙中自由粒子的密度仍然很高，所以光子无法直线传播得很远，总是刚向前传播一点距离就和一个自由电子碰撞，然后改变了传播方向。光子就好像被电子的囚笼困住了，只能在一个很小的区域内打转。

这种情形一直持续到宇宙诞生后37万年，这时候宇宙温度终于降到了原子形成的温度。所有的电子一下子被原子核俘获了，这个过程被称作“电子复合”。电子复合使得宇宙空间一下变得空旷了不少。光子在这个时刻结束了最后一次和电子的碰撞，之后它们几乎再也不会碰到另一个电子，可以完全自由地在宇宙中直线穿行。在地球上的观测者在任何方向都可以看到这些光子，我们可以把它们称为“宇宙背景光子”。它们携带着宇宙在“电子和光子最后碰撞时刻”的信息。

宇宙背景光子有一个非常重要的特点，那就是它在任何一个方向上的频率分布一定满足黑体辐射的特征。所谓黑体是指处于完美热平衡的物体。地球上、自然界中是不存在这种完美热平衡的物体的。但宇宙诞生之初处于高温、高密度状态，非常接近完美热平衡。

伽莫夫计算了宇宙在“最后碰撞时刻”的温度，这样他就可以知道宇宙背景光子的能量。我们知道宇宙膨胀会使得光子损失能量。当光在膨胀的宇宙中传播，它会经历红移，也就是波长变得更长，频率变低。伽莫夫计算出宇宙背景光子传播到今天的能量大约相当于10开尔文[1]的黑体发出的辐射。伽莫夫和

1. 开尔文：开氏温标的单位，1 开尔文的温度变化等于 1 摄氏度的温度变化，但开氏温标的零点是绝对零度。摄氏零度相当于 273.15 开尔文。

他的学生在计算出这一结果后有点失望，因为这个温度太低了，他们觉得很难观测到。

宇宙学在20世纪50代是一门冷学问，没有太多一流的科学家跟进。在此后的十多年里，伽莫夫的计算结果居然渐渐被人遗忘了。时间悄然来到了1965年，普林斯顿大学的迪克（Dicke，Robert Henry）、杰弗里·威尔金森（Geoffrey Wilkinson）和吉姆·皮布斯（Jim Peebles）等人在不了解伽莫夫之前工作的情况下，开始独立研究宇宙背景光子的性质。和伽莫夫不同，迪克是一个对实验非常精通的科学家，他在20世纪40年代发明了探测微波辐射的微波探测器，后来这种探测器常被称作“迪克探测器”。迪克意识到宇宙的微波背景辐射完全可以探测到，并着手制作探测器。然而，在这时他们突然接到了一个电话，给他们带来了一个晴天霹雳。电话来自贝尔实验室的两位工程师阿诺·彭齐亚兹（Arno Penzias）和罗伯特·威尔逊（Robert Wilson），他们已经制作了一个迪克探测器，用来探测人造卫星反射的电磁波。在过去的数月中，两位工程师一直致力于调试这个天线，去除各种仪器噪声。但他们发现无论如何调试，接收器中总能接收到一个同样的信号。无论他们将天线指向天空的什么地方，这个信号都不会消失，而且相同。一般情况下，这说明这个信号很可能并不是来自望远镜外的，而是仪器本身存在问题。但两位工程师确实已经用尽了各种可能的方法去校准仪器，他们甚至端着猎枪清除了天线里的鸟窝，但信号依然存在。工程师们听说普林斯顿的物理学家们可能正在寻找这个信号，于是致电询问详情。

当了解到这个信号的强度后，皮布斯等人立刻意识到这就是他们想要去探测的信号——来自宇宙之初的背景辐射。两组人协商之后分工撰写了宇宙学史上著名的两篇论文。彭齐亚兹和威尔逊在一篇文章中描述了这个信号的存在，但没有给出任何解释。而迪克、皮布斯等人则在同一期杂志上发布了一篇优美的理论文章，详尽地解释了这个发现的重要意义。然而两组人都没有提及伽莫夫等人的工作，这使得伽莫夫和他的学生不得不在之后发表文章提醒学术界究竟是谁第一次提出了背景光子的概念。

彭齐亚兹和威尔逊最初测到的宇宙背景光子相当于3.5K的黑体发出的辐射，这样的辐射的能量主要集中在微波波段（你没有看错，就是微波炉的微波），所以人们现在一般称之为“宇宙微波背景辐射”。

微波背景辐射不仅仅是大爆炸的证据，其中也包含了早期宇宙丰富的信息。如果能够读取这些信息，宇宙学就可能成为一门真正精确的科学。但不走运的是，地球的大气层对辐射的吸收使得地面的观测设备难以将这些信息提取出来。虽然彭齐亚兹和威尔逊的发现坚定了宇宙学家们对大爆炸理论的信心，但人们无法从这样简单的观测中读出早期宇宙更多的故事。在高山上建立观测站或者用热气球将观测设备送到高空可以缓解大气层带来的问题，但只有到太空中去观测才能真正把人们带回大爆炸之后不久的宇宙。

1974年，一批美国的科学家联合向美国国家航天局提出了观测宇宙微波背景辐射的初步计划。计划提出将一个探测器送入太空观测微波背景辐射，这就是COBE卫星（COBE，Cosmic Background Explorer）。COBE卫星肩负着两个重要任务，观测微波背景辐射的黑体谱形式，以及探测微波背景辐射的各项异性。约翰·马瑟（John Mather）是这一计划的最重要的推动者。COBE卫星本计划由航天飞机送上太空，但在美国“挑战者号”航天飞机失事后，这一计划一拖再拖，直到1989年底，COBE卫星才最终完成了发射。虽然发射过程有些曲折，但COBE在太空工作得异常顺利。仅仅在观测9分钟之后，COBE就送回了观测的第一批数据，数据显示，微波背景辐射的能谱正如大爆炸理论预期的那样，是近乎完美的黑体辐射谱。

COBE卫星的另一大功劳就是探测到了宇宙微波背景辐射中的细微差别。我们已经反复提到了，宇宙早期确实存在一个高度温高压、物质分布高度均匀的时期。所以我们向各个不同的方向望去，都能够看到均匀的微波背景辐射。但如果早期的宇宙是完美均匀的，那么今天的我们看到的宇宙中的种种结构，如星系、恒星便不可能形成，更不要提生命的存在。今天，我们存在于宇宙中，说明宇宙早期各处的物质密度中仍存在细小差别。而物质之间的万有引力作用会使这些细微的密度涨落，随着时间的流逝逐步增长。密度相对周围环境高一些的地方会吸引更多的物质聚集成团，并最终形成今天存在于宇宙中的结构。这些早期的细小涨落，同样会在微波背景辐射上留下印记，使得我们看到的微波背景辐射在不同方向上存在微小的差别。

宇宙微波背景辐射的图片远不如光学望远镜拍摄的璀璨星空美丽，看起来更像是杂乱无章的马赛克。但这样的观测图像却能回到人类对宇宙最根本的诘问：大爆炸理论是否正确；宇宙是否在膨胀；宇宙的年龄有多大；我们能看到的宇宙有多大；宇宙由什么组成。不夸张地说，今天我们对宇宙的知识，一半来自宇宙微波背景辐射的观测。

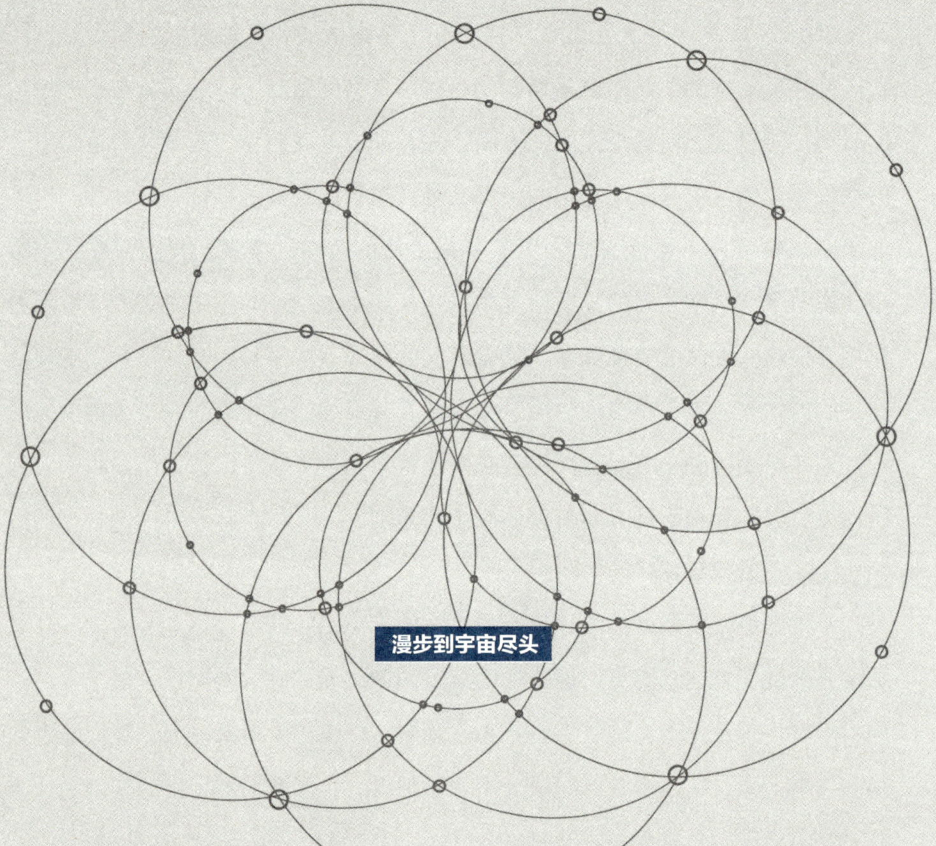

漫步到宇宙尽头

第五站
黑暗的世界

R o a m i n g T h e U n i v e r s e

暗物质的发现

1933年，加州理工大学的瑞士天文学家弗里茨·兹威基（Fritz Zwicky）在研究星系团时发现了奇怪的现象：星系相互之间的速度似乎太快了。星系团是星系的集合体，可以包含数百个明亮的星系，这些星系由共同的引力场束缚。兹威基研究的星系团被称作“后发星系团（Coma Cluster，图5.1）”，距离银河系3亿光年。兹威基的同事辛克莱·史密斯（Sinclair Smith）用当时世界上最好的望远镜收集了星系团中成员星系的速度。如果星系团是稳定的系统，那么星系团中星系的速度就不能太大。如果某一个星系的运动速度远远超出了星系团引力所能束缚的范围，那么它就会在很短的时间里逃逸到星系团外。这和火箭超过第二宇宙速度后，就会逃离地球的引力束缚是一个道理。反过来说，如果天文学家测量星系的运动速度，他们就能推断星系团的总质量，这就好像我们知道太阳系里地球的轨道运动速度和轨道半径，就可以推知太阳的质量。星系的运动速度越快，说明束缚它们的引力场越强大，也就意味着星系团的总质量越大。兹威基发现，如果星系速度的观测是正确的，那后发星系团的质量未免也太大了些，要比星系团中所有成员星系的质量多出几百倍。这意味着，星系团中大量的物质是没有被观测到的。

兹威基一生从不缺乏命名新鲜事物的热情和天才，他很快将星系团中隐藏的质量命名为“暗物质”。但由于缺乏其他的独立观测佐证，在之后的30年里，暗物质的概念不时被人提起，却又没有人认真对待。

局面在1960年后发生了改变，这一次的证据来自临近宇宙中的旋涡星系。长缝光谱仪的发展使得天文学家可以获取一个星系在不同半径处的恒星绕星系中心运动的速度，也就是所谓的“星系旋转曲线”。星系中恒星的轨道运动越快，意味着它所在星系的质量越大。美国卡内基研究所的薇拉·鲁宾（Vera Rubin）和肯特·福特（Kent Ford）在10年间系统地调查了近邻星系的旋转曲线，积累了60多个样本。他们的研究表明，所有的旋涡星系外围的恒星似乎都转得太快了，如果星系主要的质量来自发光物质，也就是恒星，那么这些星系外围的恒星应该早已超过了逃逸速度。这些旋涡星系中至少应该包含比发光物质多6倍的暗物质，才能解释观测中的旋转曲线。

星系或者星系团中存在大量不发光的物质，虽然有点困扰，但本身并没有什么了不起。我们其实早就知道宇宙有很大一部分质量实际上是很难看到的。正如我们在上一章讨论的，宇宙中的元素中占质量3/4的是氢元素，1/4是氦元素，都是宇宙大爆炸初期合成的。天文学家喜欢用气体云来称呼宇宙中物质的弥散聚集体。宇宙中原初生成的氢、氦等物质，由于自身的引力作用，会慢慢聚集在一起形成气体云，并进一步密集，最终塌缩。当气体云中心的密度超过热核反应的临界密度时，恒星就被点亮了。但恒星远没有用尽宇宙中的氢、氦元素，星系中可能存在大量剩余的气体，也许它们的质量足以束缚星系外围的恒星，使得它们老老实实地待在星系中不会逃离。

图5.1 斯隆数字巡天拍摄的Coma星系团图片。adam block/mount lemmon sky center/university of arizona

到了20世纪70年代，星系团的观测有了新的进展。人们观测到了星系团中的热气体。这些气体的温度非常高，达到了1000万摄氏度，这样的热气体可以发出X-ray辐射。借助X-ray卫星观测，人们就可以估计星系团中气体的质量。通过X-ray观测，天文学家发现星系团中热气体的质量惊人地达到了恒星质量的5倍。但这些新发现的气体并不能为消失的质量负全责。事实上，热气体的发现反而加剧了质量缺失问题，因为这些气体温度太高了，如果没有强大的引力势阱束缚，这些气体自己就会在很短的时间内从星系团中逃逸殆尽。而束缚这些气体所需要的物质量，又是这些热气体质量的10倍左右。

引力透镜和暗物质

那么这些看不见的物质是否可能是一些致密的小天体，比如流浪的行星，或者是黑洞？20世纪80年代初，玻丹·帕琴斯基（Bohdan Paczyński）和奥洛克（Charles Alcock）各自建立了搜索银河系内“流浪致密黑暗天体（mass compact halo object）”的计划。他们借助的方法是引力透镜。

我自己的职业生涯到目前为止主要就是研究引力透镜造成的多姿多彩的现象，所以请允许我在这里稍微多说两句关于引力透镜的原理。我们知道，物质的存在会使得时空弯曲。天体发出的光在弯曲的时空中旅行，行走的轨迹也会弯折。这有点像是光在经过透镜后发生偏折，所以天文上把这种现象称作引力透镜。如果地球上的观测者和他想要观测的遥远的发光天体（比如恒星，或者星系）之间存在另一团物质，那么观测者收集到的遥远天体的图像就会因为引力透镜现象而发生扭曲。

引力透镜效应无处不在，但是大多数情况下，这种弯曲非常轻微，观测者看到的天体图像只是微微地受到了扭曲，比如星系的会变得更圆一些（或者更扁一些），有的星系会变得更亮一些，另一些会稍微变暗。如果仅仅用肉眼是无法分辨这些微小的扭曲的。但这些微小的扭曲是非常有用的，如果正确地分析，我们就可以用这些图像的小扭曲，绘制出观测者和远处天体之间的物质分布情况。

有极少数的情况，引力透镜效应非常强。例如当作为透镜的天体非常靠近观测者和远处的星系的连线时，远处星系的图像就可能会被剧烈地扭曲，有时候一个星系会产生5个不同的图像，有时候星系的图像还会被扭曲成环状（这就是所谓的爱因斯坦环）。

引力透镜现象在宇宙中变化多端，有各种有趣的观测效应。帕琴斯基和奥洛克想要寻找的“微引力透镜”现象也是引力透镜效应的一种。如果银河系内存在很多的行星大小的致密不发光天体，如果当观测者观测一颗远处的恒星时，恰好一个这样的黑暗致密天体从视线方向上穿过，它就会短暂地放大远处恒星的亮度，地球上的观测者就会看到远处的恒星的亮度发生一种短暂的变化。

帕琴斯基和他的同事的搜索确实发现了恒星的光度跳变，但其中大多数的变化来自恒星本身的脉动，或者双星绕转，只有极少数的事件被确认是真正的引力透镜现象，而这些引力透镜现象往往是另一颗恒星造成的，并未来自真正的暗物质天体。此外，微引力透镜事件的发生率完全不足以解释银河系内看不见的质量。这使得研究者不得不承认，如果银河系内存在暗物质，那么它并不是以一个个致密的小天体的形式存在，而是分布得更加平滑。

星系团热气体和微引力透镜的搜寻结果暗示，暗物质很可能不是我们已经知道的任何一种物质，并不是原子、分子这些构成我们世界的普通物质，而是另一种不在粒子物理标准模型中的基本粒子，或者用物理学家的语言说“暗物质并不是重子物质”。这样的暗物质不发出电磁波，也不和（或者说几乎不和）可见物质进行相互作用，所以我们虽然可以观察到它的引力效应，却无法通过望远镜观测到它发出的光。

暗物质相互间只有引力相互作用，无法通过发射电磁波降低系统的能量，所以，它们会形成一个疏松而巨大的晕，包裹着普通物质构成的星系。我们前面曾经提到过银河系的尺度大约是80万光年，而暗物质晕延伸的范围比这大得多。

当前宇宙学观测中有很多证据支持暗物质并不是普通物质。其中，子弹星系团（bullet cluster)的引力透镜观测是一个最直接的证据。子弹星系团是两个正在相撞中的星系团。星系团中包含着星系、热气体和暗物质。天文学家可以用引力透镜方法绘制暗物质的空间分布，也可以用X-ray卫星观测热气体的空间分布。当两个星系团相撞的时候，一个星系团像子弹一样打入了另一个星系团中。天文学家发现，在碰撞后，暗物质的位置要比热气体超前了不少。这是因为在星系的碰撞过程中，热气体会因为相互间的压力而减慢速度，但是，由于暗物质不与普通物质发生相互作用，所以以更快的速度穿过了彼此。

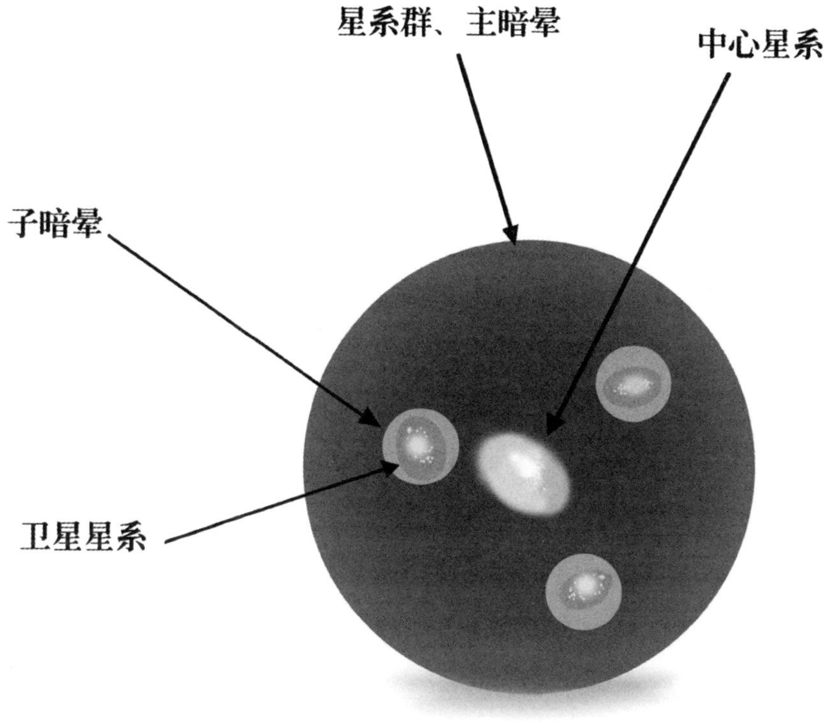

图5.2 暗晕和星系团关系示意图。一个星系团中可以包含上百个星系，其中最大的一个被称作中心星系，位于暗晕的中心，其他的星系被称作卫星星系，环绕暗晕中心运动。每一个卫星星系都包裹在一个较小的暗晕中。整个星系团系统被一个巨大的暗晕包裹

暗物质和宇宙的结构

暗物质是什么样的粒子呢?

在20世纪70年代暗物质存在被肯定的时候，科学家们一度认为中微子就是暗物质的真身。因为在大统一理论建立后，物理学家们意识到，理论上中微子可以具有质量。而20世纪70年代末的实验测量更是显示中微子质量可能在30eV左右[1]（中微子的这个质量测量在现在看来显然是不准确的，远远高估了中微子的质量）。如果中微子数密度足够大，就可以作为一种暗物质的候选者。理论上，中微子这种质量很小的粒子，在宇宙早期具有极高的动能，因此被称作“热暗物质”。但与此相对，理论学家也提出数种“冷暗物质”的候选者。相比热暗物质，冷暗物质粒子的质量要大得多，在宇宙早期的速度非常低。

1.eV：电子伏特，是一个能量单位，一个质子的质量是938MeV，也就是938 兆电子伏特。

如何区分这两种不同的暗物质模型？

研究者需要到宇宙的结构中去寻找答案。我们在上一章提到过，在宇宙大爆炸刚开始时，宇宙处于高温高热的状态，物质密度处处相等，只存在微小的起伏。随着宇宙膨胀，温度降低，物质之间的引力开始推动宇宙中的结构形成。暗物质的总质量是普通物质的数倍，这些隐藏的质量实际上主导了宇宙中的结构形成。

那么，热暗物质宇宙中的结构形成是什么样的呢？

苏联天体物理学家雅可夫·泽尔多维奇（Yakov Borisovich Zel'dovich，也是俄罗斯原子弹之父）指出，在热暗物质主导的宇宙中，热暗物质的动能可以在小尺度上抵抗引力的压迫。在这样的宇宙中，首先形成的是巨大的薄饼状结构，之后“薄饼”会沿一个方向塌缩，变成巨大的丝状结构。这些巨大的结构由于引力的不稳定性，会从内部碎裂成更小尺度的结构。相对地，在冷暗物质主导的宇宙中，首先形成的是小质量的团块。不同的团块通过合并长大。这种结构形成模式被称作“等级成团”，和热暗物质自上而下的碎裂式结构形成截然不同。

宇宙的大尺度结构究竟是什么样子的？

这需要通过观测来证实。1977年，哈佛–史密松森天文中心的年轻科学家马克·戴维斯（Marc Davis）和他的3位同事开展了一项伟大的星系观测计划，称为CFA巡天计划。这个项目对整个天空2400个星系的红移进行了精确测量。第一期巡天在1982年完成，观测到的星系中最暗的比人类肉眼极限还要暗上两千多倍。将这些星系画在一张图上，人们可以粗略地画出宇宙的一个切片的三维地图。这个切片的纵深将达到前所未有的200兆秒差距，或者说是6亿光年的距离。海量的图像对天文学家来说是一笔巨大的财富。戴维斯说："CFA巡天带来了人类历史上前所未有的图像。"

在以往的研究中，因为不知道星系的距离，人们习惯将观测到的星系位置画在二维的天球坐标系中。也就是说，人们看到的是星系在垂直视线的表面上的投影。在这样的图中，星系分布看起来没有什么特别的规律，而这和当时的天文理论并无冲突。

CFA巡天带来了新的可能性。哈佛–史密松森天文中心的科学家的玛格丽特·盖勒（Margaret Geller）和她的两位同事采取了新的绘图方法。她们增加了距离这一新的维度，立体地呈现了星系在一个6度厚、跨度130度的宇宙切片中的分布。在这张粗糙的宇宙地图上，星系并不是均匀分布的，而是很明显地聚集在巨大的纤维结构上，而纤维结构又似乎附着在巨大的泡状空洞结构上。盖勒和她的同事们很清楚如何令人印象深刻，她们甚至制作了一部一分钟电影。电影用立体效果显示了星系在宇宙中的分布。她们让这个小小的宇宙切片缓慢地沿某个轴转动，观众似乎是在世界的边缘向里看，巨大的"泡泡"和纤维结构令他们屏住呼吸、激动不已。

巨大的"长城"是否宣告了"热暗物质"的胜利？很多科学家已经这么认为了，只是需要证据支持。然而"长城"和"空洞"这样的复杂结构的性质难以通过传统的解析方法精确计算和描述。戴维斯和他的合作者西蒙·怀特（Simon White）以及卡洛斯·弗兰克（Carlos Frenk）打算利用计算机来解决问题。他们采用了一种被称作"N体数值模拟"的数值计算方法，顾名思义，

N体数值模拟跟踪一大群虚拟粒子随时间的演化，每个虚拟粒子代表宇宙中的一团物质，粒子相互间由引力作用联系。在计算开始的时候，粒子近乎均匀地分部在虚拟空间的各处，随着时间的演化，在引力的拉扯中聚集成结构。这类似于在计算机里建立一个小宇宙。如果采用了正确的模型，当计算结束的时候，虚拟粒子空间结构应该能很好地和真实宇宙的结构对应。

即使使用计算机，N体数值模拟依然是非常复杂的课题。戴维斯等人很长一段时间无法写出能够完美运算的程序，正当3个天文学家头痛的时候，转机突现。戴维斯和怀特认识的一位英国理论物理学家——乔治·埃弗斯塔修（George Efstathiou）改造了用于凝聚态物理的计算机程序，使其可以用于解决引力作用下的N体演化问题。经过沟通，4位科学家决定用这套程序来解决宇宙结构形成问题。

在这个特殊的时间点，热暗物质（或者中微子）看上去太像是一切问题的答案，然而结果却出乎科学家们意料。

“长城”和“空洞”状的结构确实形成了，但在这个宇宙中产生了太多的大尺度结构和巨型空洞。同时，因为热暗物质的动能太高，相对小尺度的结构——星系级别的暗晕，却无法在模拟中生成。如果一定要通过调节计算参数使得星系的暗晕形成，那么虚拟的宇宙中星系的密集程度将远远超过观测所见。“也许我们应该试试冷暗物质模型，虽然也许它也无法解决问题。”卡洛斯提议。

神奇的事情发生了，在计算机模拟的冷暗物质宇宙中，星系尺度的暗物质晕率先形成，星系团级别的暗晕、“空洞”“长城”也都随着时间演化显现出来。这一次，科学家找到了正确的道路。在假设宇宙空间平坦的数值模拟中，计算出的大尺度结构看起来和星系巡天观测十分相似。

数值模拟的结果发表在1983年到1988年的一系列文章中。DEFW（上述4位科学家的名字首字母缩写）四人组干脆利落地解决了冷暗物质与热暗物质之争论，展示了在暗物质主导下的结构形成图景。在此之后，计算机N体数值模拟成了研究宇宙演化问题的标准理论工具。因为对宇宙结构演化理论的巨大贡献，DEFW四人组平分了2011年度的Gruber宇宙学奖（50万美元）。

宇宙中的小结构

新的问题仍然在不断浮现。例如，根据银河系的动力学观测，天文学家们推算，银河系所在的暗晕大约是10,000亿太阳质量。1993年考夫曼等人详细研究了星系的形成历史，发现在这样的暗晕（其中包含银河系这样大的星系）中，应该至少存在100个质量大于100万太阳质量的卫星星系。可实际上，我们却只在银河系中观测到了十多个这样的卫星星系。在随后的一系列研究中，科学家们都得到了类似的结论。1999年，美国新墨西哥大学的阿纳托利·科里平（Anatoly Klypin）更是直接在文章标题中诘问“丢失的星系到哪儿去了？”，这样的诘问中隐含着潜台词：大多数科学家相信冷暗物质模型并没有错误，问题在于我们对星系形成过程不够了解。暗物质的结构形成仅仅由引力相互作用推动，比较容易用计算机数值模拟研究。但星系形成过程比暗物质晕的形成过程复杂得多，包含恒星形成、气体冷却、超新星爆发、星系中心超级黑洞吸积物质反馈等一系列物理机制。这些过程很难在数值模拟中精确计算。科学家目前仍只能用一些经验规律，或者引入简单的假设来计算这些过程的影响。而这些气体物理过程对于子暗晕结构和卫星星系形成的影响也并未完全被搞清楚。

例如宇宙紫外背景光子的存在可能会使得小暗晕中的恒星形成被抑制。另外，超新星爆发则可能会把相当质量的气体推出暗晕的核心区域，从而使得暗晕的物质分布发生改变，变得更容易被潮汐作用打散。种种的物理机制都可能是造成“星系丢失”的真正原因。

而且，也有少数人怀疑，也许宇宙中确实没有形成那些小暗晕。冷暗物质最主要的候选者被称作“弱相互作用大质量粒子（WIMP）”，原则上，这样的粒子会和普通物质有极其微弱的碰撞。高能物理学家建造了很多大型的探测器来探寻这样的粒子，这些暗物质探测器通常采用液态惰性元素作为探测核心。如果暗物质粒子和惰性元素发生碰撞，就会使后者高速反冲，发出辉光。探测器收集这些光子，就可以推断暗物质粒子的质量。这种碰撞的预期概率非常低，如果探测器建在地面，探测器就会严重受到宇宙线中高能粒子的影响，所以科学家们把探测器深埋在地下，让大地挡住高能宇宙线的千军万马，以便提高探测器的灵敏度。然而，直到目前为止，人们还没有发现任何WIMP粒子的迹象。

目前，直接的探测结果还远不足以排除冷暗物质模型。但部分科学家开始思考，是否暗物质有其他的可能性。理论上，有一些暗物质粒子的候选者——比如惰性中微子，可能具有不那么“冷”的特性。这样的暗物质粒子在宇宙早期具有一定的动能，抑制小质量暗晕的形成，但又不至于破坏星系形成的大图像。这样的暗物质被称作“温暗物质”。温暗物质宇宙中的结构形成，在大尺度上和冷暗物质宇宙并无明显差异，但在小尺度上却能自然地解释很多观测现象。例如，温暗物质宇宙中形成的小质量子结构数目会明显少于冷暗物质宇宙，这也可能是“丢失星系问题”的真正答案。

冷暗物质和温暗物质，究竟是哪一种构成了我们的宇宙？要回答这个问题，天文学家需要真正去探测、确定小质量的暗物质晕。我和卡洛斯·弗兰克、肖恩·科尔（Shaun Cole）、高亮、王乔等人于2015年也曾提出一个区分冷暗物质和温暗物质的方法。我们希望利用引力透镜观测来解决问题。如果小暗晕存在，它们会造成爱因斯坦环图像的扭曲，如果研究者收集足够多的高分辨率的爱因斯坦环图像，就可能找到足够数目的小暗晕。我们发现，测定的关键是要探测1000万太阳质量的暗晕，这个数目大概是银河系暗晕质量的十万分之一。如果能够找到足够多这样的暗晕，最有希望的一些温暗物质模型的生存空间将会变得极为狭窄，反之，冷暗物质模型就面临被排除的危险。利用VLBI射电干涉阵列，在未来的几年内，引力透镜专家们将具备探测这些小质量暗晕的能力。

无论如何，天文学家们正走在解开暗物质谜团的路上。在2016年年初举办的“暗物质最小尺度问题”研讨会上，卡洛斯说：“现在我们需要解决的问题已经很清晰，我将为第一个找到并测定1000万个太阳质量暗晕的人买一瓶红酒。”

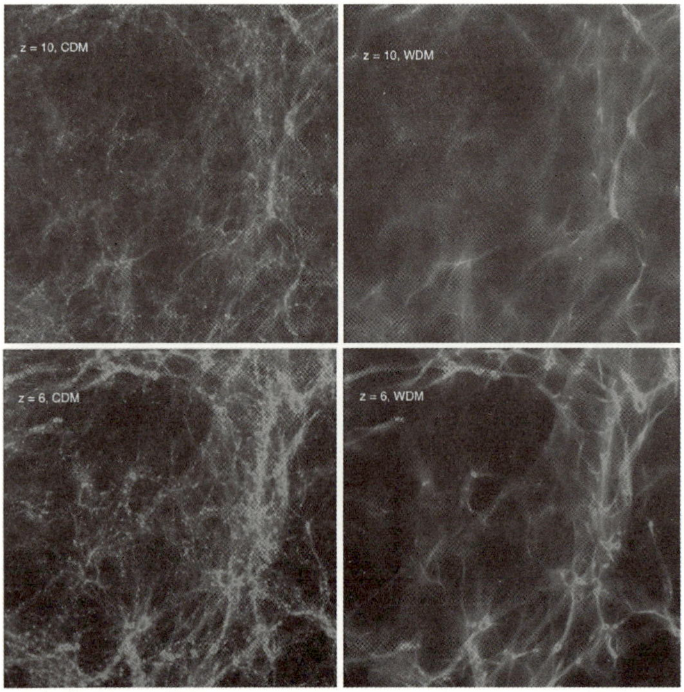
z = 10, CDM
z = 10, WDM
z = 6, CDM
z = 6, WDM

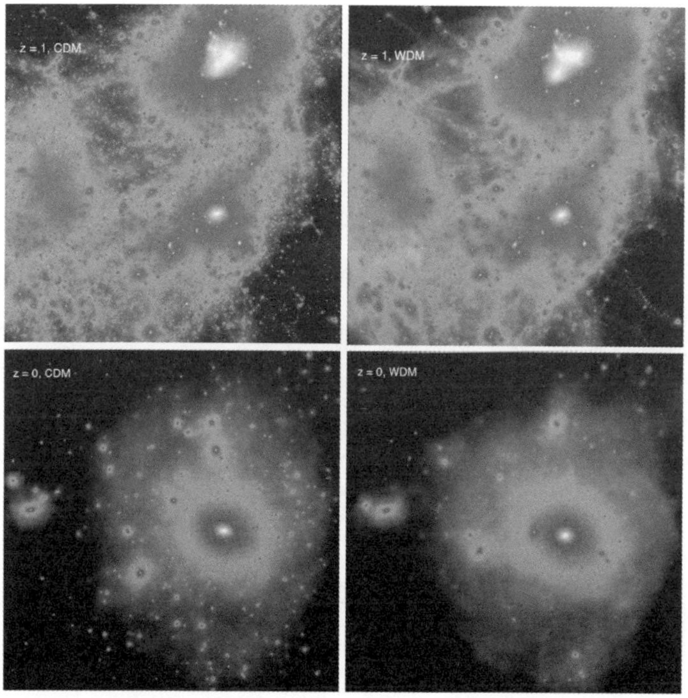

图5.3 冷暗物质宇宙（左）和温暗物质宇宙（右）数值模拟中形成的暗晕。可以看到温暗物质数值模拟中小的暗物质团块的数目明显减少。Bose et al. 2016，MNRAS，455，318

漫步到宇宙尽头

第六站
宇宙的尽头

可观测宇宙

在这一站，让我们来探讨一下宇宙的边界问题。首先我们来复习一下人类可以观测到的宇宙大小。宇宙学家一般把这个尺度称作宇宙的视界。宇宙的视界由3个因素决定：宇宙的年龄、宇宙的膨胀历史以及光速。

光速是恒定的，并且是信息传递的最快速度。光速不变定律意味着我们永远不能“实时”观察到宇宙另一处发生的事情。如果一个天体距离我们一光年，我们永远只能看到它一年前的情景。当我们看向宇宙的深处时，事实上我们也同时看向宇宙的过去。

在大爆炸宇宙图景中，宇宙寿命是有限的，所以可观测的宇宙也是有限的。根据今天测量的宇宙模型参数，宇宙的年龄大约是137亿年。换句话说，望远镜接收到的光，最早来自137亿年前。如果有一束光在137亿年间完全不受阻挡，沿着空间中的“直线”传播，直到今天来到我们面前，它就携带着我们所能得到的最远的信息。如果考虑到发出光线的地方随着宇宙的膨胀在急速地远离观测者，那这个地方的实际距离要比光速乘以宇宙年龄大得多。根据宇宙学家的计算，理论上我们能够接收到的最远的光，它发出的地方今天已经离我们470亿光年。也就是说，可观测宇宙的极限，也就是宇宙今天的视界，是470亿光年。

依我们之前所述，假设光的路线完全没有阻挡，但在宇宙的早期，宇宙处于高温、高密度状态，大量的自由电子会和光子频繁地碰撞，让它们走不远，只能在一个小范围内像醉汉一样游走。到宇宙诞生38万年后的最后散射时刻，由于宇宙温度下降得足够低，自由电子被原子核俘获，宇宙空间才透明起来。从那以后，光子的前进路线就非常顺畅了。因此，我们能通过光线看到的宇宙，要比470亿光年稍微小一些。实际上我们能用电磁波直接观测到的最远处的光子，来自宇宙诞生后38万年，这就是我们在第四站里详细讨论的微波背景辐射。

既然我们几乎已经看见了宇宙的尽头，那么，是不是宇宙中一切的天体我们都找到了呢?

答案是否定的。即使一个天体离我们很近，如果它的亮度很低，我们依然看不见它，比如银河系中存在大量即使用现在最好的望远镜也无法看见的恒星、行星和黑洞。

此外，很多天体虽然我们已经看到了，甚至已经拍摄到了照片，但我们仍然没有办法确定它们的距离。我们确定遥远宇宙中的天体距离，主要是通过它的红移，结合哈勃定律推测的。有的天体虽然我们可以在望远镜中观测到，但由于它们太暗，即使用现在地球上最好的望远镜也拍不出有用的光谱，那么，我们即使看到了它，也没有办法知道它在哪里。直到2013年年末，经过确认的最远的星系是Hubble望远镜CANDELS巡天时找到，通过地面的10米Keck望远镜的光谱确认的，标号为z8_GND_5296，它的宇宙学红移是7.51，距离我们大约是290亿光年，对应宇宙大爆炸后7亿年。

一个普通民用的望远镜能够看到多远呢？

这取决于望远镜的口径大小和观测地点。在暗夜里，梅西耶星云团表是天文爱好者非常喜欢欣赏的天体目标。这个星云表里包含了银河系里的一些漂亮的恒星团、恒星诞生区，以及死亡恒星形成的行星状星云和超新星遗迹。此外，这个星云表里也包括很多的临近星系，一般的10厘米级望远镜可以轻松地看到梅西耶星云团表中所有的天体。这里面最远的星系之一M58，距离地球约6800万光年。

宇宙的几何

可观测宇宙是科学家定义宇宙边界的一种方式，但这显然并非宇宙真正的边缘，宇宙很可能延伸到远得多的地方，甚至完全可能是无限的。有趣的是，在理论上，宇宙是否有限取决于空间的弯曲方式。

如果宇宙学原理是正确的，那么宇宙中空间的弯曲程度应该处处相同（至少在很大尺度上平均来看）。空间几何有3种可能：处处正向弯曲、处处反向弯曲，或者平坦。

通过爱因斯坦的广义相对论，我们可以写出一个方程，将宇宙中包含的物质和宇宙的空间弯曲联系起来，或者更精确地说，宇宙中的质能总量决定了宇宙的几何形状。宇宙中的质能包含了可见的恒星、行星、气体、不可见的暗物质和中微子，以及无处不在的暗能量。这里面最重要的两项贡献来自暗能量和暗物质。

广义相对论允许我们写出一个宇宙的临界密度，这个密度和宇宙的膨胀速率也就是哈勃常数有关。如果宇宙中的质量能量密度正好等于临界密度，那么宇宙的三维空间部分是平坦的。如果宇宙的密度大于临界密度，那么宇宙就会是处处正向弯曲的。这种宇宙又被称作闭合的宇宙。如果宇宙的密度小于临界密度，那么空间就会是反向弯曲的。这种宇宙又被称为开放的宇宙。

作为生活在三维世界中的生物，我们很难想象一个三维的世界是如何弯曲的。下面我们还是借助二维曲面在三维空间的情况加以说明。

让我们任意去掉三维空间的一个维度，因为3个维度的地位都相同，所以去掉哪一个维度都没有关系。经过这种处理后，我们的三维空间就变成了一个二维的曲面。图6.1中的3种情形正是一个二维的曲面在三维空间中的3种弯曲方式。数学上用曲率来描述曲面的弯曲程度。处处正曲率的曲面就是一个球面。我们可以看到，这样的曲面面积是有限的。

如果我们是生活在球面上的蚂蚁，只要我们沿着一个方向一直向前爬，我们就能在有限时间里绕宇宙一周并回到起点。在早期的宇宙学研究史中，很多理论家包括爱因斯坦本人很喜欢这种宇宙模型，所以，往往在早期的一些科普著作中，作家也会因此说宇宙是有限无界的。处处零曲率的曲面，就是一个平面。那么处处负曲率的曲面是什么样的呢？这种曲面的形状有点像马鞍形（图6.1中间的曲面）。平直的宇宙和反向弯曲的宇宙都是可以无限延伸的。

我们是否有办法测量自己生活空间的弯曲程度呢？答案是肯定的。假设我们自己是生活在球面上的蚂蚁，一个可行的方法是在自己生活的世界里画出一个三角形。如果我们是平面上的蚂蚁，那么这个三角形3个角的角度和应

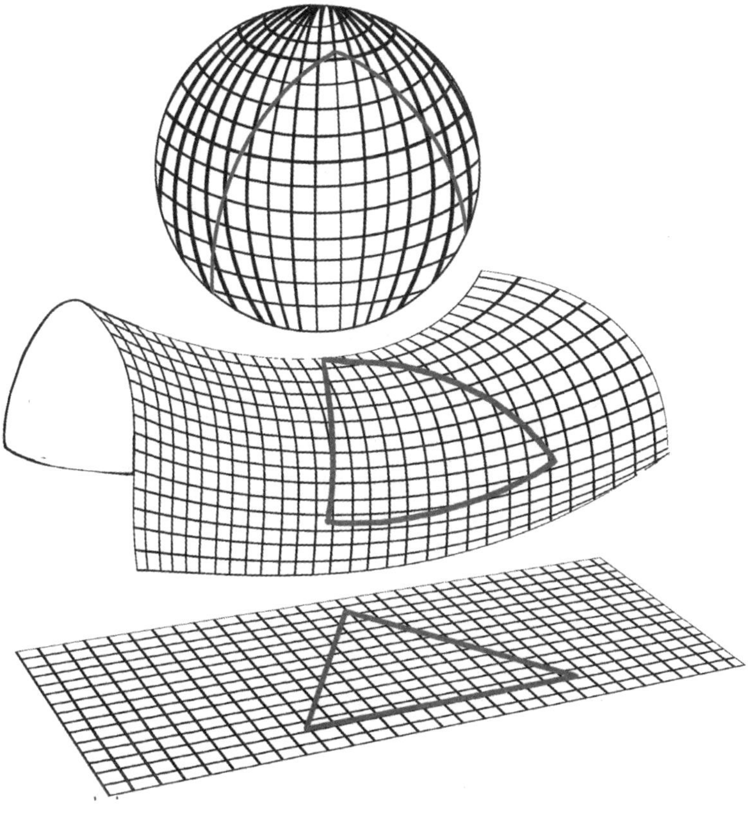

图6.1 宇宙弯曲的3种不同情况。从上到下分别是正曲率的宇宙、负曲率的宇宙和平直的宇宙。这里我们已经省去了一个维度，所以宇宙空间表现为一个曲面

该等于180度。如果我们生活在一个球面上，显然这个三角形的内角和会大于180度。在人类科学发展过程中，数学家事实上比物理学家更早意识到空间可能并非像直觉感知到的那样平直。波恩哈德·黎曼（Georg Friedrich Bernhard Riemann）和卡尔·弗里德里希·高斯（Johann Carl Friedrich Gauss）在19世纪发展了非欧几何来描述弯曲空间里的几何。相传，高斯自己就曾经尝试过在3座高山的山顶测量3个山顶连成的巨大三角形的内角和，以验证自己是否生活在一个平直的三维空间里。

但地球附近的空间弯曲主要取决于地球的质量。如果我们仅仅测量地球附近的空间弯曲，那是无法推广到整个宇宙的。为了确定宇宙是否平坦，我们必须在巨大的天文尺度上测量宇宙的弯曲程度。但在天文尺度上我们显然不能去直接测量三角形的内角和，因为我们无法旅行到3个不同的顶点上去。

幸运的是，广义相对论告诉我们，宇宙空间的几何归根结底是由宇宙质能的密度决定的。因此，空间弯曲的程度测量就转化为了测量宇宙中的质能密度。宇宙的质能密度会影响标准烛光的红移–光度距离关系、宇宙的结构形成速度，以及微波背景辐射上的温度起伏。宇宙学家一般需要将不同的观测结束结合起来一同确定宇宙的质能密度。

那么我们生活的宇宙到底是有限还是无限呢?

很遗憾，我们还不清楚，因为我们的宇宙密度非常接近临界密度。最新的宇宙学观测数据可以将宇宙的曲率测量到千分之六的精度，在这个精度下宇宙看起来是平坦的。但平坦是一个临界数值，即使宇宙真的是平坦的，因为存在观测误差，我们将永远无法严格证明宇宙是平坦的。目前，我们只能说从观测上看宇宙非常接近平坦。换句话说，宇宙要么差点就是有限的，要么差点就是无限的。

最后，我想提醒读者的是，上面的几何探讨几乎完全是基于宇宙学原理的，也就是默认在大尺度上宇宙处处均匀。在大尺度上宇宙空间是非常接近平坦的，但在小尺度上宇宙空间完全可能是极度卷曲的，例如黑洞就是这样的极端例子。

暴胀宇宙学

为什么宇宙空间这么接近平坦？理论家们不喜欢这么巧合的事情。这就好像间谍不喜欢得来过于巧合的情报，那背后很可能隐藏着陷阱。这样巧合的现象在宇宙学领域被称为“精细调节”问题。很多理论家相信，一个好的宇宙学理论，它的模型应该是自然的，不存在只有非常巧合才能出现的常数或者状态。需要指出的是，这只是一个物理学的审美问题，存在“精细调节”并不意味着宇宙学理论一定有问题，就好像巧合得来的情报也并不总是阴谋。

宇宙的平坦性是一个典型的“精细调节”问题。理论家直觉并不会相信宇宙曲率就真的为零。更自然的解释是，宇宙实在太过广大，我们可以观测的部分太小，在这个部分里，宇宙显得是平坦的。换句话说，我们有点像生活在远古时期的人类，交通不便，每天能够触及、看到的地方只有住所周围几十里的区域。人在这样小的区域中生活，永远不会想到地球实际上是个球形，大地是弯曲的。

但不管怎么想，我们并没有解决“精细调节”，毕竟宇宙的曲率最多只有千分之几，这仍然看起来太过巧合。现代的宇宙学模型认为，这种异常的平坦很可能是宇宙演化的自然结果。具体来说，理论家们相信，在宇宙早期的某个时刻，宇宙急速膨胀，这个时期被称为暴胀期。暴胀期的持续时间非常短（可能只有10^{-30}秒），但是宇宙在这个时间里增长了10^{26}倍。随后宇宙膨胀的速度降了下来，虽然仍在膨胀，但速率变慢了。今天宇宙空间膨胀的速率只有在天文学尺度上才能察觉到：一百万光年的空间，每秒钟只膨胀20多公里。

暴胀使得宇宙的平坦空间变得不再是个巧合。暴胀就好像是一个吹气球的过程，宇宙这个气球被瞬间吹大10^{26}倍。如果这个气球开始只有氢原子那么大，暴胀过后，它的体积就会变得比银河系还大100万倍，结果是气球上的任何瑕疵都被抹得很平了，站在气球的任何一个地方都好像站在平地上。

暴胀理论最早在1981年提出，构想来自马萨诸塞理工学院的阿兰·古斯（Alan Guth）。当时的宇宙空间曲率测量还不是很精确，但人们至少知道它弯曲得不是很厉害。此外，还有另外一个更大的问题“视界疑难”困扰着宇宙学家。

所谓视界，就是指当地观测者理论上所能够观测到的最大范围。在今天，一个粒子的视界，就是整个可观测宇宙的范围，它代表了这个粒子在整个宇宙时间里，理论上能够接触到的最远的地方。如果另一个粒子在这个粒子的视界里，那么它们在历史上有相互影响的可能性，否则这两个粒子应该完全没有关系。

我们在第四站中提到宇宙微波背景辐射是宇宙大爆炸留下的印记，各个方向都可以观察到，非常均匀，这说明宇宙早期物质密度处处相同，处于热平衡。事实上，人们觉得微波背景辐射有点均匀得过头了。从地球上看，发出微波背景辐射的区域是一个球壳，半径接近470亿光年。按照宇宙膨胀规律，这个球壳在宇宙早期的最后散射时刻的尺度远远大于宇宙当时的视界。读者应该已经注意到了问题所在：视界是粒子可以交换信息的最大尺度，在最后散射时刻，整个宇宙是如何在超过视界的范围上保持热平衡的呢？为什么在宇宙不同地点，完全没有因果联系的区域，居然会同时处于热平衡状态？

这有点像古生物学家在20世纪初遇到的问题，他们本来以为古代生物应该无法跨越大洋登上另一块大陆，谁知道却在不同的大陆上都发现了同一种恐龙的化石。对古生物研究来说，解决问题的关键在于想到大陆是会漂移的，今天看起来隔海相望，没有办法交流的大陆，实际上在更古老的时代却连在一起。在那个时候，恐龙当然可以优哉游哉地在不同大陆间散步了。

解开视界疑难的钥匙和这很类似。1979年，古斯还是一名博士后，他毕业已经9年了，还没有找到正式的教职。在此前的8年里，他主要研究粒子物理学，才转到宇宙学，研究时间不长。古斯意识到，如果考虑宇宙极早期存在一个急速膨胀的时代（暴胀期），那么宇宙异常的均匀性就很容易解释了：虽然在最后散射时刻，这些热平衡的区域在各自的视界之外，在更早的时刻，这些区域是可以在同一视界之内的，它们是在那时建立的联系。什么可以使宇宙急剧膨胀？我们在前面提到了暗能量的概念，这无疑是一种使得空间膨胀的因素。但暴胀需要的膨胀速率比今天暗能量能够提供的膨胀速率大得多。宇宙是如何从高速的暴胀转变为正常的膨胀的？为了解决这些问题，古斯提出了暴胀场的概念。

在谈暴胀场之前有必要先讨论一下什么是“场”。在物理教科书里，场这个概念无处不在，学过中学物理的读者们应该已经听说过电磁场、引力场。用数学的语言说，场就是“空间的函数”。或者说，场为空间的任何一点都赋予了有意义的数值。如果我们假设空间中某处有一个电子，那么空间的不同位置处的另一个试探电子都会受到这个电子的排斥力。如果我们从场的观点看待这个问题，我们可以认为空间中遍布着电场，电场的每一点的数值，是试探电子受到电磁力的强度和方向。

另一类更简单的场在空间的每一点只有一个数值，没有方向，这种场被称作标量场。温度场就是一个标量场，在空间的每一点都有一个数值标记了当地的温度。在量子场论中，场是比粒子更基本的概念。整个宇宙中充斥着不同的场，粒子只是场的激发态。理论家们相信，暗能量可能就对应着一种场。这个场在宇宙中处处具有相同的能量密度，它提供排斥性的引力，推动宇宙加速膨胀。

古斯的暴胀场和暗能量场具有类似的性质，不同的是暴胀场的能量密度要高得多，所以也就可以带来更为剧烈的宇宙膨胀。可是，今天的宇宙膨胀速率并不很快，宇宙是怎么由剧烈膨胀变为“温和”膨胀的呢？古斯的暴胀理论认为暴胀场实际上处于一种不稳定平衡的状态，它可以向能量密度更低的状态演化。理论家们习惯用山坡上的小球的滚动来比喻场的能量变化。小球总是想要一路向着引力势能更低的谷底滚去，但小球并不一定总是会停在谷底。如果山坡上有一个小平台，小球就可以在这个平台上，不会继续向坡下滚动。在平台上，小球实际上拥有较高的引力势能，并非处于能量真正的最低点。但此时如果有人轻轻地推小球一下，小球就会继续向山坡下滚动。物理场也像小球一样，倾向于向势能最低处演化，但也可能停在势能相对较高的局部平衡点。场理论中有时把这种局部的平衡状态称作假真空。假真空状态的暴胀场可以提供很强的排斥引力，推动宇宙急速膨胀。但这种假真空状态是不稳定的，因为量子物理要求场的能量密度无时无刻不在随机地抖动。在宇宙中，总会有那么一些地方的抖动特别大一些，这就使得一个小区域的暴胀场脱离了假真空状态，向更低的能量状态演化。在这个过程中，暴胀场会将自身积蓄的能量在很短的时间里全部释放出来，这些能量会以高能辐射的形式充满整个宇宙，此时的宇宙回到了经典大爆炸的形式，宇宙的膨胀速率也会恢复“普通”，此后的演化和我们在第四站中的描述完全相同了。

我们注意到，暴胀理论可以完美地解释宇宙的平坦性问题和宇宙的视界疑难。同时，暴胀场释放出了巨大的能量，随着宇宙膨胀，能量转化为宇宙中的物质。今天宇宙中的一切事物，都是在宇宙最初的暴胀场里从无到有，从虚变实产生出来的。

暴胀宇宙还带来一个重要的推论，解释了今天宇宙中的一切结构从何而来。我们之前讨论过宇宙中的结构的起源是早期均匀密度分布上的小起伏。这些地方的物质比别的地方稍微高一点点，但引力会使得这些小起伏吸引更多的物质，最终成长为星系、星系团。但是我们又说宇宙早期是处于完美热平衡状态的，这就意味着宇宙的不同地方应该完全处于相同的状态。那么问题来了，形成今天结构的那些小起伏是从何而来的呢?

量子理论告诉我们，在微观尺度上宇宙能量密度总是不可能完全均匀的，它的数值会不停地涨落。但这种小涨落是无法发展成为今天宇宙结构形成需要的起伏的，因为从一段时间来看，量子涨落的平均值总是为零。在某一时刻或许宇宙中某处鼓起一个小包，下一时刻就消失了。但暴胀改变了这种状况，它使得宇宙的一个微观区域在极短的时刻内一下子变成了宽广的宇宙空间。本来存在于微观区域的能量涨落一下子就变成了宏观尺度上的密度起伏。这种起伏就不会消失了，它们就是宇宙结构的种子。

通过急速膨胀，从均匀中造出不均匀的事例看起来很玄妙，其实我们也可以举出一些日常生活中类似的例子。比如，学校在课间活动时组织学生踢毽子，每5个学生分到一个毽子。如果这5个学生水平相当，这个毽子会在他们之间随机传递。在旁观者看来，在任意一个时刻，毽子在学生间的分配是不均匀的，因为每个学生都只是短暂地碰到毽子，又立刻失去。但如果考察稍长的一段时间内，每个学生都平均地占有这个毽子。我们仍然可以说，学生和毽子组成的混合体是均匀的。这时候，突然上课铃响了，学生们必须分散回到各自的班级里，这时候就会有一位负责保管的学生收起毽子回到自己的班级，其他学生空手而归。此时，毽子的动态平均分配就被打破了。随机涨落变成了真正的不均匀。

暴胀宇宙学在目前受到理论家的广泛支持，但还缺乏决定性的证据。如果在未来更精确的测量中，我们发现宇宙事实上存在微小但客观的不平坦，暴胀理论将会受到严重的威胁。在暴胀理论提出后30多年的时间里，天文学家对空间弯曲的测量精度已经提高到千分之几的程度，但宇宙依然是平坦的。因此，大多数理论家已经接受了暴胀理论，只是对暴胀场的本质和暴胀的具体过程存在分歧。但读者仍然需要注意到，在这一节里我们谈论的东西仍然并非完全确定的理论，在未来的某个时刻仍然有可能被推翻。

为什么暴胀的观测证据很难获取？因为电磁波的观测无法直接接收到最后散射时刻之前的信息。我们对宇宙历史的观测止步于宇宙诞生之后38万年。要想了解暴胀的信息，我们必须依赖其他的信使。一个诱人的方案是探测暴胀时期产生的引力波。引力波是广义相对论的另一项预言，空间自身的波动可以像水波一样在宇宙中传播（我们会在本书最后一站详细讨论引力波的问题）。宇宙暴胀期的空间扩张可能会产生空间的波动，这种时空的涟漪，会轻微地和宇宙中的物质相互作用，在微波背景辐射的观测中，我们有可能解析出暴胀引力波留下的印记。

2014年，美国的BICEP2团组一度宣布他们设立在南极的探测器探测到了微波背景辐射上的引力波印记，舆论一度认为阿兰·古斯可能会因为暴胀理论的证实而很快获得诺贝尔奖。但后续的分析显示，BICEP2的观测数据很可能受到银河系内尘埃分布的影响，显现出假的信号。这种观测的复杂性要求观测者将仪器的灵敏度推进到更高的级别。美国和中国的科学家都有计划继续推进这样的观测，可能我们在不久的未来，能够真正获取暴胀时期传播来的信号，帮助我们更好地理解极早期的宇宙演化。

多重宇宙

暴胀理论处在可实证宇宙学的边缘。站在暴胀理论上继续向远方望到的理论版图都尚未得到观测后的确认。这些理论有的是基于事实的理性的推测，有的则是纯粹的思想实验。这里面最有意思的莫过于对多重宇宙的思考。

我们在本站开头讨论了宇宙可能的几何形状。假设我们处于一个开放无限的平直宇宙（或者负曲率宇宙），那我们就会得出一个结论，这无限宇宙中一定有一处和我们生活的地球一模一样，地球上的每一个人也一模一样，甚至每一个人在一个特定时刻做的动作也一模一样。在宇宙的某处，一定有另外一个李然，在写着一本同样的书，甚至连书名也分毫不差。

这个推论看似玄妙，实际上却很平庸。

假设我们有一个口袋，装着红色和绿色两种小球。球和球之间唯一的差别只有颜色。如果我们一次从口袋里拿出两颗球，那么实际上我们只有3种可能的组合：两红，两绿，一红一绿。现在让我们在纸上画一个2×2的方格，将抽出来的两个小球分配到这些方格中，每个方格只允许放一个小球。如果两个小球的颜色相同，那么我们实际上只有两种放置方式：并排或者对角（放置）。如果两个小球颜色不同，那么我们可以以一种并列的放置方式交换两个球的位置，这样就会多出一种放置方式（对角的排列方式如果交换位置，等价于旋转方格180度，并没有多出新的排列方式）。如果我们把这4个小方格看作宇宙空间的局部，把小球看作宇宙的基本粒子，那么这个宇宙局部一共只有7种不同的排列可能。如果我们在纸面上扩展这个宇宙，画出更多的方格，只要宇宙足够大，一定会存在多个相同的2×2的局域，小球的排布一模一样。

真实宇宙的一个切片当然比纸上的小格子复杂得多，“小球”远不止两种，至少我们已经知道的就有几十种基本粒子。但无论是这些基本粒子的数目还是种类，都仍然是有限的。

读者可能会想到空间和纸上格子存在一个“明显”的区别，那就是一块空间中的位置是连续的，可以有无限的取值可能，而纸上的格子只有有限的可能性。然而这只是经典视角下的观点。

量子物理学告诉我们，在实际的空间中，我们不可能无限精确地确定一个粒子的位置，如果想要达到更高的位置测量精度，观测者就必须使用能量更高的光子来探测。然而在某一块空间区域中，观测者能获得的能量总是有限的，对任何观者来说，他所处的局部宇宙只有有限的空间位置。

我们可以将无限的宇宙分割成同等大小的空间，每一块空间中的粒子排布的可能性都是有限的。任何一种空间在宇宙中都会重复无限多次，在无限的宇宙中，将存在无穷多个写作此书的我，也会有无限多阅读此书的你。这种多重宇宙是最平庸的多重宇宙，宇宙的切片在无限空间中的重复完全是随机概率问题，没有深刻的物理含义，而即使有无穷多写作本书的我，我也无法因此收到更多的稿费。

如果记得今天的可观测宇宙是通过暴胀从宇宙中的一小块地方长大的，我们就会发现暴胀理论提供了另一种多重宇宙的可能性。在宇宙演化的极早期，暴胀场在量子涨落的作用下被“踢下坡底”，这部分的宇宙在飞速膨胀的同时释放能量，产生了我们今天宇宙中的一切事物。如果把我们所在的宇宙看作一个迅速膨胀的泡泡，那么这样的泡泡应该不止一个。

在别的地方，暴胀场也可能滚落坡顶，诞生出一个截然不同的宇宙泡泡。如果我们跳出自己的宇宙泡泡去看，我们会发现每一个宇宙泡泡好像奶酪里的空洞一样。

理论上说，每一个宇宙泡泡里的物理学参数和粒子质量可能有所不同，这会造成极为重大的后果。例如，如果宇宙学常数（或者说暗能量密度）或者暗物质密度改变一些，宇宙大尺度结构的演化速度就会完全不同，宇宙中也许直到今天都无法形成大星系，而生命形成的环境也会受到影响。

如果宇宙中的核力稍弱百分之几，恒星也许就不会形成，而生命就无法获得能量来源。

从这个意义上讲，人类生活在宇宙中，实际上对基本物理的参数取值有着严格的要求。这种观点被称作人择原理。人择原理被认为是一套解决“精细调节”问题的框架，它可以解释为什么宇宙中很多物理参数恰好是观测到的数值。从人择原理的视角来看，物理学参数的特定取值，并非由于更加基本的物理中要求它如此取值。相反，物理学参数可能有无数允许的取值可能，但只有某些特定的组合才可能有智慧生命存在，因此，对这些智慧生命来说，它们总是观察到特定的参数取值。

我们可以举出一个生活中的人择原理的例子。比如，作为一个不擅长打理衣装的书呆子，我可能会惊奇地发现我家鞋柜里的鞋子只有36和41两个鞋码。我决定把这列为一个待解决的“精细调节”问题：为什么宇宙中的鞋子会取这样特殊的大小呢？而我的太太则会平静地告诉我：宇宙中什么样的鞋子都有，我们家的鞋子之所以只有这两个号，是因为我们的脚刚好就这么大。

在上面这个例子里，我的太太运用的无疑就是人择原理。我们可以看到它完美地解释了我的困惑。但我希望读者注意，人择原理的运用需要极其谨慎。比如，过度推广人择原理，人可能会用它去解释为什么太阳系里行星的轨道都是接近圆形的：因为椭圆形轨道的行星和其他行星碰撞的概率会增加，妨碍生命的出现。但实际上，大行星的圆形的轨道很可能才是宇宙中的普遍情况，这是行星系统动力学演化稳定后的结果，和人的存在无关。

我们是否有可能观察到另外一个物理规律完全不同的宇宙泡泡？

如果不同的泡泡之间相互碰撞，我们确实有可能看到另外一个物理规律截然不同的宇宙泡泡。遗憾的是，这样的事情发生的概率微乎其微。虽然我们所在的宇宙泡泡从诞生以来体积膨胀的程度惊人，但我们要记得在这片宇宙里，暴胀场已经将能量交了出来，进入了慢速的膨胀期。这意味着，在暴胀场没有

“滚落坡顶”的地方，膨胀速率更加惊人。如果有两个宇宙泡泡诞生在临近的地方，它们中间那些具有高能量暴胀场的空间会迅速膨胀，增加的体积几乎在瞬间就将宇宙泡泡隔离了。

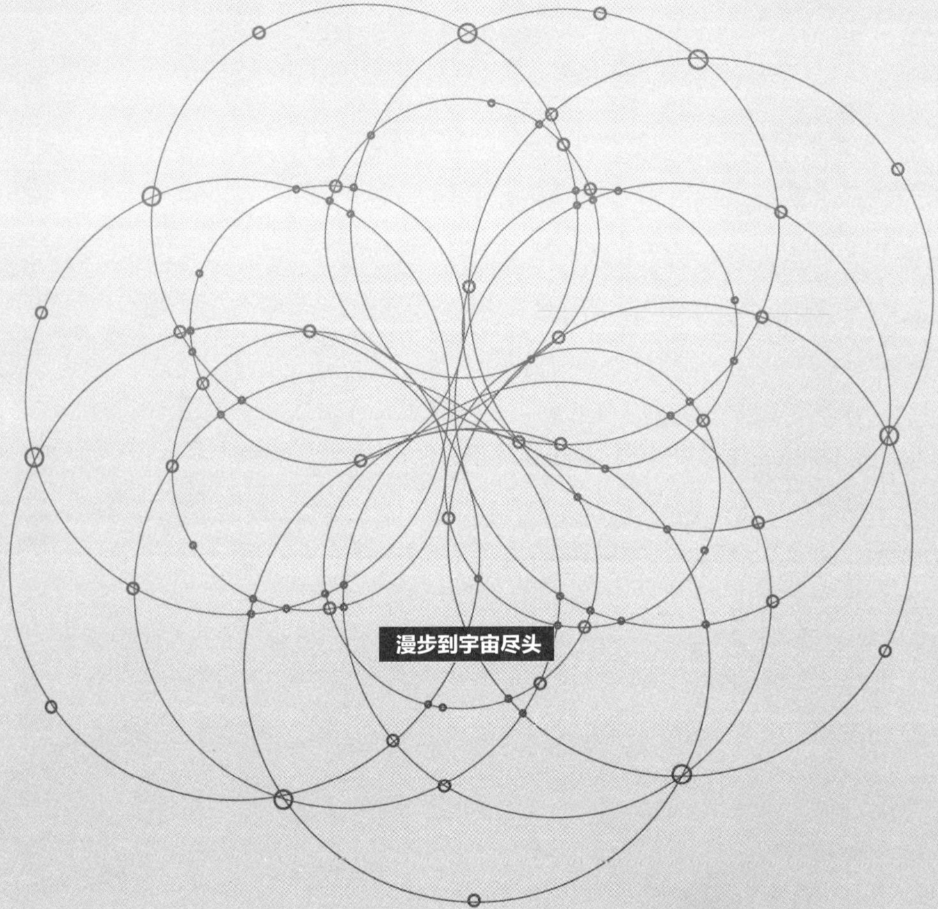
漫步到宇宙尽头

第七站
太阳系的诞生

R o a m i n g T h e U n i v e r s e

本书的第七站及以后将集中讨论人类对太阳系的探索。首先，我想用一点篇幅来简要地说明一下太阳系的形成。

恒星形成的环境一般被称作气体云，是星际物质聚集的地方。我们曾在第三站描述过宇宙大爆炸过程中的元素合成。读者们应该还记得在宇宙大爆炸后，宇宙中形成了大量的氢元素和氦元素，以及极为少量的锂元素。这些是第一代恒星形成的原料。太阳系大约形成在50亿年前，这时距离第一代恒星死亡已经过去了很长时间。诞生太阳的星云中，除了包含大爆炸形成的氢、氦元素，也包含了少量在恒星演化中形成的重元素。

如果气体云自身的引力显著超过气体内部的压强，气体云就会快速地收缩，一般称作塌缩。气体云在塌缩之前往往会有一点点转动，所以气体的塌缩不是个个方向都均匀的。旋转造成的离心力会抵御一部分的引力，因此气体云会在旋转轴的方向先塌缩下来，最终形成一个扁平的旋转的气体盘。这样的星云形成理论在1796年由法国数学家和天文学家皮埃尔-西蒙·拉普拉斯（Pierre-Simon Laplace）第一次提出。

气体在塌缩的过程中，核心区域的密度和温度都会增大，但压强仍然不足以抵抗气体云强大的自引力。最后，气体盘的中心，会形成一个高温且大质量的核球，这个核球被称作原恒星。原恒星的引力会使得物质进一步向中心坍塌，它核心的温度和压力会变得越来越高。最终，云核中心的氢聚变反应被点燃，恒星就此形成。核聚变会产生巨大的热量，不但足以抵御物质的进一步塌缩，还会产生高能的太阳风，横扫整个气体盘，将物质向外推出。留在气体盘中心的，是一颗稳定的火球，就是我们的太阳。

太阳的质量占据了整个太阳系质量的99.8%以上，但残余的物质仍然足以形成行星。为什么我们认为太阳系的行星应该在气体盘中形成，而不是形成之后再被太阳系的引力捕获呢？这是因为太阳系中大行星的分布具有明确的特征。所有大行星的轨道都在同一个平面内围绕太阳运行，而且公转的方向一致。

行星是不是像恒星一样通过自引力塌缩在气体盘上呢？一般认为行星的形成过程可能是从小颗粒慢慢长大的。气体盘中含有大约1%质量的尘埃和冰晶。它们的典型尺寸只有10微米左右，但对行星的形成至关重要。这些尘埃有点像是地球上雨云中的凝结核。它们会吸引气体盘中的其他物质，慢慢地长大。最初，这些颗粒非常细小，电磁相互作用是黏合它们的胶水。颗粒通过碰撞和其他的颗粒融合。这个过程有点像是滚雪球。滚雪球的过程中雪球并不是均匀地增大，因为当雪球慢慢增大，它的表面积也就变得更大，可以更加有效地吸附地面上的雪花。太阳系气体盘中尘埃颗粒的演化也同样是一个急剧加速的过程。在经过10万年左右，小小的尘埃颗粒就长成了巨大的岩石核。这些岩石核大小为几百公里，可以看作行星的幼年阶段，一般被称为星子。当固体岩块长到星子大小，就可以有效地通过引力相互作用吸引其他颗粒——石块和气体。星子相互之间也可以通过碰撞结合，迅速增加质量。星子可以成长到火星大小，在这个过程中，碰撞和放射性元素的辐射会融化星体，较重的元素会沉淀到核心，形成一个铁核。频繁地碰撞和吸积最后产生了几颗较大的原行星。这些原行星会强力地清扫自己轨道上的其他物体。有的星子和岩块在碰撞后和原行星结合，也有很多在碰撞的过程中被打飞出去，形成了太阳系中的小行星和彗星。这个剧烈的碰撞阶段大概持续了10亿年。月球上密布的撞击坑很大一部分来自这个剧烈的撞击时代。在撞击时代结束后，大行星的轨道变得较为独立，相互间有一定的间隔。除了水星以外，其他行星的轨道几乎都是圆形。所有大行星的轨道互不交叉。

在行星开始凝聚时，在太阳系的气体盘中央的是正在形成的恒星。它在塌缩的过程中也不断地向外发出热量。气体盘上距离原始恒星较近的地方温度较高，距离原始恒星较远的地方就会冷一些。在3倍的日地距离以内，气体盘温度太高，水冰、氨冰形成的小冰粒都无法存在，只有较重的金属颗粒和岩质颗粒可以凝聚。因此，在内太阳系凝聚的行星都是由重元素构成的类地行星。因为重元素的质量有限，类地行星无法成长得太大，引力也不足以大量吸积氢、氦这样更轻的元素。在太阳系中心3倍日地距离以外的地方，来自太阳的光热减弱，水冰可以存留。这里被研究人员称作雪线。气态行星一般被认为形成在雪线之外。它们和类地行星一样需要先形成一个岩石的核心，但身处雪线之外使得它们可以获得更多的物质，成长得比类地行星更大。当气态巨星的种子的质量到达10倍地球质量时，它就可以非常有效地吸引更轻但含量更丰富的氢、氦元素并进一步迅速成长。而更远处的海王星和天王星，虽然也处在雪线以外，但成长速度远不如木星和土星，所以没有能够捕获足够多的氢元素成为气态巨星，而是成为主要由冰组成的冰巨星。

得益于观测方面的进展，行星形成领域的研究在最近20年里取得了很多重大突破。计算机数值模拟中形成的行星系统已经可以具有太阳系的很多特征，但这个领域有很多问题仍然在热烈的讨论中。例如，有的研究发现，巨行星也许并不是，或者并不都是和类地行星一样从尘埃颗粒长大的。也许在太阳系外围，气体丰富的地方，巨行星可以从星云中直接塌缩而成。此外，在地球以外的行星系统中，人们发现了很多所谓的热木星。这些行星距离它们的主星非常近，因此区别于太阳系内的“冷”木星，它们的温度很高。这些热木星在太阳系内没有对应的天体。研究人员认为它们也许是在行星系统演化早期形成的，通过和气体盘或者其他巨行星相互作用，迁移到非常靠近恒星的地方。在太阳系内是否也曾经具有这些热木星，它们在类地行星的形成中起到什么作用？这些问题的细节仍然在研究中。

太阳是一颗普通的恒星，但太阳系是不是也很普通呢？这是关系到生命是否在宇宙中普遍存在的重要因素，但目前仍然没有得到解答。在过去的10年里，人类发现了大量的地外行星系统。我们可以确信，恒星拥有行星并不是宇宙中的新鲜事。但我们当前的观测能力仍然有限，并不能穷举另一颗恒星的所有行星。我们仍然不知道，像太阳系这样拥有8颗大行星的系统是否罕见。

行星研究领域是目前天文研究中最热门的话题，在未来的20年里，上面的内容也许会被不断地刷新。

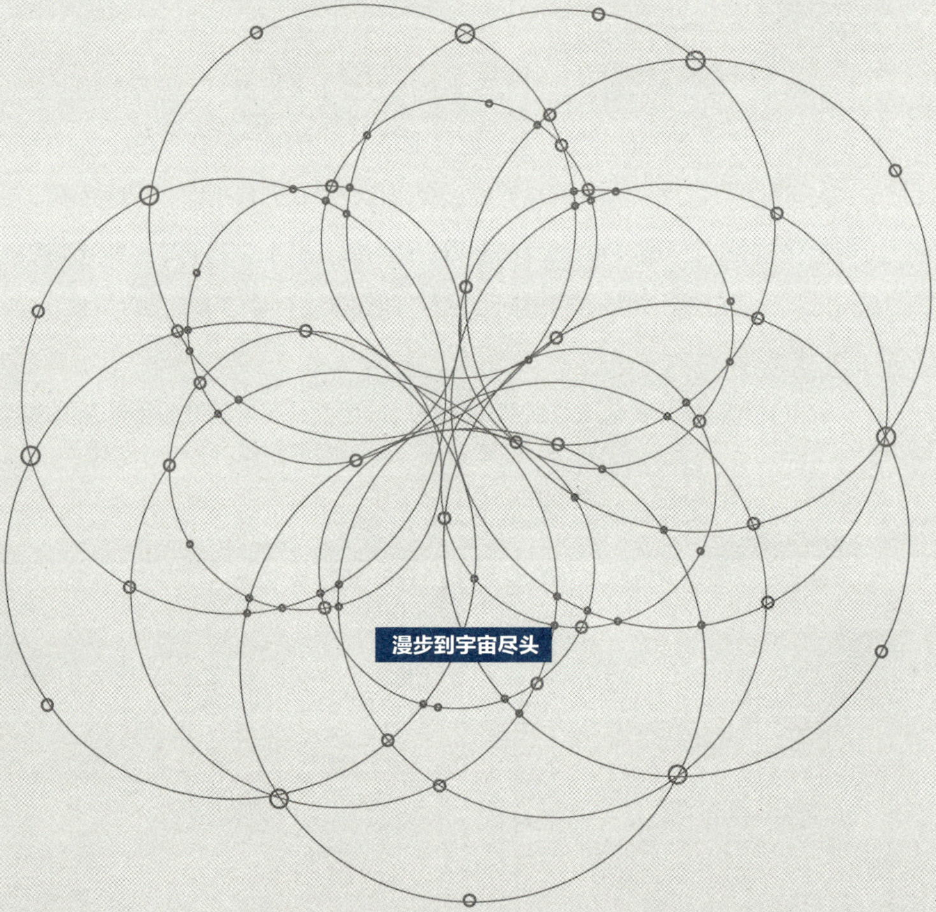

漫步到宇宙尽头

第八站
漫游于太阳系深处

R o a m i n g   T h e   U n i v e r s e

将物体送入太空

如何将人类送入太空？这个问题在19世纪时的标准答案大概是——一门大炮。

1865年，法国科幻作家儒勒·加布里埃尔·凡尔纳（Jules Gabriel Verne）发表了伟大的科幻小说《从地球到月球》（*Dela Terre à la Lune*）。这是我童年时最喜欢的故事之一。在小说中，大炮俱乐部的几位绅士试图发射一枚巨大的炮弹。这发炮弹由最好的铸铁制成，直径2.6米，重达10000千克，内部空心，包含了足够3个人活动的空间。大炮俱乐部的主席和他的朋友们将乘坐这颗炮弹飞往月球。我依然记得小说中最精彩的一个场景：在一次公众辩论中，一位反对大炮建造的听众反复用各种旅行的细节诘难主人公，在理屈词穷后，他提出了自己最后的反驳："即使一颗炮弹可以将你们送往月球，你们又如何返回地球呢？"主人公镇定地回答："我不回来了。"

然而，当我长大一些，学习了牛顿的力学定律和引力理论后，我开始理解到这样的炮弹是无法带着乘客进入太空的。进入太空的最低速度被称作第一宇宙速度，大约是7.9公里/秒，是飞机巡航速度的30倍。如果我们以这个速度贴着地面向远处发射一颗炮弹，理论上这颗炮弹就可以贴着地面飞行并且永远不回到地面上（事实上空气阻力会使得这枚炮弹最终落下），成为距离地球最近的卫星。如果这颗炮弹想要在距离地面更高的地方绕地球飞行，出膛时的速度就需要更高些。当炮弹的速度达到11.2公里/秒——或者说第二宇宙速度——这颗炮弹就可以摆脱地球引力的束缚，飞向太阳系的其他行星。

使用大炮发射飞船意味着飞船只能在炮管中完成加速。如果我们建造一门炮管长度为1公里的大炮，并在炮膛中均匀加速炮弹，使其达到第二宇宙速度，那么这枚炮弹在炮管里的加速度大约是重力加速度的6000倍。作为参考，人类能够承受的最大加速度只有大约10倍的重力加速度。而在凡尔纳的小说中，主人公们计划用一门300米的铸铁大炮发射炮弹，用炸药作为发射的动力，这会使得凡尔纳月球大炮的瞬间加速度远远超过我们的假设。我不得不得出悲伤的结论，小说中的主人公会在炮弹发射的那一刻就被自己的重力压死。要想在飞船上搭载乘客，我们只能温和地加速飞船。对大炮来说，这意味着延长炮管。可是，1公里的长度已经类似工程上的天方夜谭，很难想象更长的大炮如何实现。

现代技术对太空飞船的答案是——火箭。和炮弹不同，火箭自己携带燃料，燃料燃烧后从火箭尾部喷出，燃料喷射产生的反作用力为火箭提供向前的速度。这是牛顿第三定律的直接体现——如果你向后扔出一些东西，你就会获得向前的速度。只要火箭的发动机持续燃烧，火箭就可以一直获得加速度。所以，火箭的加速旅程要比炮弹长得多，可以较为温柔地将人类送入太空轨道。苏联的康斯坦丁·齐奥尔科夫斯基（Tsiolkovski Konstantin Eduardovich）常常被称作火箭之父，他于1857年出生于莫斯科的一个中产阶级家庭。齐奥尔科夫斯基最著名的贡献是所谓的“火箭公式”，这个公式现在被用来计算飞船所能达到的最快速度。齐奥尔科夫斯基指出，飞船的最终速度决定于两个重要的参数：火箭携带燃料占总质量的比例和火箭有效喷气速度。而火箭的有效喷气速度又被称作比冲，它代表了燃料的效率。简单来说，火箭公式告诉我们：如果想要造出速度更快的火箭，我们就需要携带更多的燃料，并且使用更有效率的燃料。

齐奥尔科夫斯基计算了火箭逃离地球所需要的速度，指出液氢和液氧可以作为一种有效的燃料选择。他是对的。美国宇航局在多年以后也为航天飞机做出了同样的选择。齐奥尔科夫斯基的另一个理论发明是多级火箭。这样的火箭的燃料仓有若干个，每当一个燃料仓的燃料用尽，火箭就可以将燃料仓丢弃。这样当下一级火箭发动机点燃后，需要运送的重量就小了很多。

齐奥尔科夫斯基被后世称为火箭和宇宙旅行之父，但他的一生中并没有建造一枚真正的火箭。终其一生，齐奥尔科夫斯基的职业是中学老师。他的理论研究和伟大想象包含在他的著作中，其中包括很多科幻小说。

但在齐奥尔科夫斯基去世后不久，火箭就从近似科幻的理论变成了现实。遗憾的是，最初的火箭并非用于星际旅行，却是用于战争。第二次世界大战晚期，轴心国在战场上节节败退。日本和德国开始把自己的前途赌在一些稀奇古怪的武器上。无法用飞机攻击到美国本土的日本人发明了一种自动气球炸弹，试图用氢气球将炸弹运送到美国西海岸，而德国人拿出了火箭炸弹。这种火箭被称作V2火箭，全重13吨，可以攻击300公里以外的目标。1944年，盟军在诺曼底登陆后，纳粹德国开始用火箭轰炸伦敦。上千枚火箭在伦敦造成了不小的恐慌。这些火箭并不像今天的导弹可以精确地集中到目标上，打击效果更像是随机瞄准的火炮，所以并没有真正地改变战争的进程，但这种武器的前景被美国人和苏联人看中。二战结束后，美国和苏联都从德国俘虏了火箭专家，缴获了大批设备，开始了自己的火箭研制计划。

第二次世界大战后，美苏进入冷战。双方竞争建造核武器，开始的时候，双方只是想要建立数量上的优势威慑对方，但随着氢弹发明，核武器军备开始变得荒谬起来，因为一场以氢弹为武器的核战争会使地球进入长久的冬天，从而毁灭整个人类。到冷战结束的时候，美苏双方都建造了远远超出任何战略需求的核武器，数目足以将地球毁灭若干次。

美苏双方都需要炫耀自己的导弹能力以震慑对方。太空成了一个展示的舞台。如果一个国家能够将人造探测器送入太空，就表示这个国家有能力将核弹头送往另一个大洲。1957年10月4日，苏联人第一个将人造卫星送入了地球轨道，这个卫星被称作斯普特尼克1号，实际上这只是一个能够发出“嘟嘟”信号的小球，重85千克。两年以后，苏联飞船“东方一号”升空，第一次将一个宇航员——尤里·阿列克谢耶维奇·加加林（Yuri Alekseyevich Gagarin）——送入了地球轨道。苏联在太空探索中的成就令美国人大为恐慌，在美国当时总统艾森豪威尔的主导下，美国宇航局NASA成立，并将载人登月作为自己的目标。美国人的太空之路开始阶段非常缓慢，直到1961年才第一次将人类送入了地球轨道，但稳扎稳打的美国人最终成功地将人类送到了月球上。这是至今为止，人类唯一踏足另一个星球的太空项目。到冷战结束的时候，各国向宇宙空间中发射了数以千计的卫星和深空探测器。虽然起始于军事上的敌视，但太空竞赛始终以科学和和平的竞赛为主，极大地拓展了人类对宇宙的认识。这可能是整个冷战期间发生的最好的事情。

在行星间移动

火箭将飞船送入太空，下一步就是在行星间运动了。在太空歌剧式的科幻电影中，宇航员总是可以像启动跑车一样发动飞船，奔赴宇宙的遥远角落击退邪恶的敌人。但在现实中，太空任务并不是随时待命，触动按键便可以发射。首先，发射太空探测飞船需要预留足够的时间进行各项检测，此外还需要等待“发射窗口”，也就是最适合发射飞船的时间段。

为什么要等待发射窗口？因为行星间的距离是不固定的。以火星探索为例，地球和火星距离最近的时候，太阳、地球和火星应该连成一条线，而地球和火星位于太阳的同一侧。我们知道地球绕太阳的公转周期是365天，而火星的公转周期为687天。简单计算可以知道，地球和火星每经过大约780天才能“相会”一次。如果要发射飞船，最好抓住这个机会。

读者们马上会想到，火星和地球在不断运动，当火星和地球“相会”时，最佳的发射时机实际上已经错过了。最好的策略是在此之前就发射飞船，当火星运行到距离地球最近的位置时，飞船应该恰好到达火星。

这样的转移轨道被称为霍曼转移轨道，是火星任务最常用飞船轨道。如图8.1所示，停泊在地球轨道上的飞船，本来和地球一起在圆轨道上运动。飞船点火加速，在短时间提速后，按照牛顿运动定律，飞船的轨道会进入飞往火星的椭圆形轨道。经过一段时间的航行后，飞船抵达了椭圆轨道的远日点，这一点恰好在火星绕太阳运动的圆轨道上。在这里飞船会再次加速，加速后飞船可以进入火星轨道。这就是当前火星任务所普遍利用的霍曼转移轨道。

地球到火星的霍曼转移轨道只在特定时间开启。每两次间隔比两年稍长一点。如果错过了这一窗口，并不意味着飞船就没有办法抵达火星，但飞船推进能力就需要大幅上升。太空中没有空气，飞船需要从尾部喷出气体，才能获得加速的推力。想要获得更高的速度，飞船就需要携带更多的燃料。可是为了将这些燃料送入太空，飞船就又需要注入更多的燃料。因此，飞船为了增加推进能力而需要的燃料质量几乎是成指数增长的。一般情况下，如果错过了发射窗口，探测计划可能就会被大幅延迟。比如2015年12月，因为飞船搭载的地震测量仪制造发生问题，美国不得不取消了定于2016年3月进行窗口发射的“洞察号”。

霍曼转移轨道是人类探索行星最节省燃料的运动方式之一。但是如果要探索太阳系外围的行星，比如木星或者土星，即使利用霍曼转移轨道，需要的燃料量也是异常巨大的。如果仅仅靠飞船自己的推进能力，探索太阳系外围的行星至今仍是未实现的梦想。

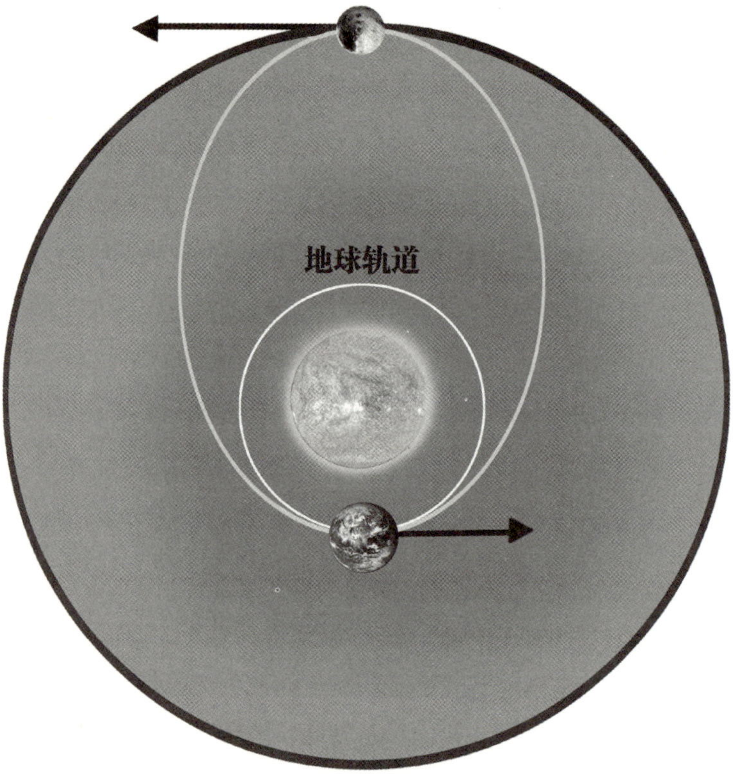

图8.1 霍曼转移轨道图示。飞船在地球发射点火，进入椭圆形轨道，当运行到椭圆轨道和火星轨道交点时恰好与火星相遇，然后再次加速，进入火星轨道

推力不够怎么办？科学家的应对方法是找个有实力的“朋友”拉一把。在太阳系里，行星和大卫星都在以很高的速度做轨道运动。如果飞船飞行的途中遇到这些质量庞大的天体，就会被它们的引力拽上一下，这会帮助飞船增加飞行速度，也可以帮助飞船用很少的燃料就改变飞行方向。

引力加速一般又被称作引力弹弓，最早的概念可以追溯到沙俄时期的工程师尤里·康德拉图克。图8.2是引力弹弓效应的一个简单的图示，显示了最理想情况下的引力加速：飞船以速度V迎面向行星飞来，在经过引力弹弓效应后，飞船的飞行方向完全改变，速度增加了2U。这很像是迎着火车前进的方向扔一个棒球，在发生碰撞后，棒球被反弹回来，并且从火车身上获得了新的动能。在引力弹弓变轨过程中，行星将动能传递给了飞船，并且改变了飞船的速度方向，在弹射过程中，飞船越靠近行星，获得的加速度就越大。但是如果太过于贴近行星，飞船又可能受到行星大气、磁场的影响。在实践中，飞船并不一定要像图8.2一样完全改变方向。此外，有时飞船也会借助引力弹弓效应减速，以便进入目标行星的轨道。一般来说，飞船的质量远远小于行星的质量，因此行星的运动状态几乎不会在引力弹射的过程中发生转变。但是如果我们真的对一个行星反复发射飞船，那么经过数兆次相会后，行星的轨道也会发生显著的改变。

如果想要通过引力弹弓效应获得最佳的航行速度，科学家和工程师们需要精确地计算轨道，因为引力弹弓的效果对施加“弹射”的行星的相对位置也有着很高的要求。有的太空计划需要漫长的等待，才能获得最有利的发射窗口。在历史上，在太阳系内移动的最杰出行动当属1977年发射的“旅行者号”计划。

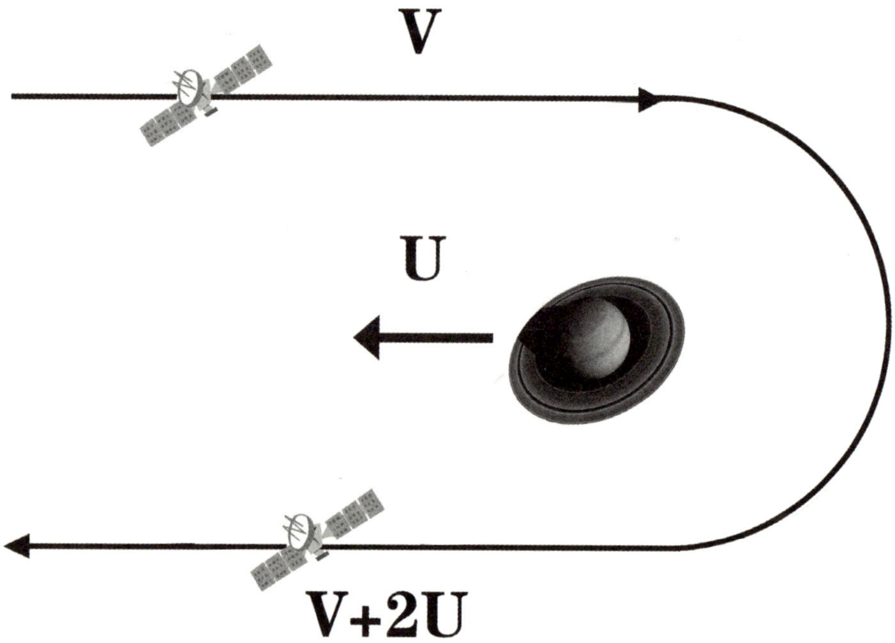

图8.2 引力弹弓图示

旅行者号的伟大旅途

1965年，加州理工大学的研究生盖瑞·弗兰多（Gary Flandro），无意中发现了一条通向太阳系外的航道。这条航道后来被称作“伟大航路（The Grand Tour）”。

弗兰多当时主要在研究一些与火箭稳定性相关的问题。他的导师是NASA“水手10号”探测器的团队成员，所以也建议弗兰多顺带研究一些关于引力弹弓协助加速的问题。1965年，NASA已经在一系列内太阳系行星的探索方面取得了丰硕的成果，“水手4号”在这一年从火星附近掠过，再早几年，“水手2号”飞过了金星，但科学家们还没有认真考察过对外太阳系的访问。弗兰多研究的就是这样一个略显得冷门的问题。这个问题的计算并不十分复杂，主要的技巧在于借助木星的引力获得额外的动力。木星的位置正好位于太阳系的4颗类地行星和外太阳系的巨行星之间，而它的质量大于所有其他行星之和。借力木星可以使飞船旅行时间显著地降低（大约20年），并且携带更多的有效载荷。

在经过一段时间的探索后，弗兰多偶然意识到，在1980年左右，木星、土星、天王星和海王星以及冥王星会形成一个比较独特的构型，它们都会运行到太阳系的同一侧。弗兰多脑海中冒出了一个有趣的点子：是否存在一条航道使得飞船可以一次访问多个外太阳系的行星呢?

这条“伟大航路”确实存在，但时间窗口很短暂。弗兰多发现，如果从地球出发，美国人必须在1977年或者1978年的秋天发射飞船，否则就必须等待175年才能获得下一次机会。这留给科学家和工程师10年的时间来准备。1965年，NASA已经初步具备了向火星发射探测器的能力。从火星到木星再到太阳系的边缘，10年的时间说长不长，快马加鞭，似乎恰好赶得上。

航天科学家们很快意识到伟大航路的价值，着手制订航行计划。研制团队来自加州理工大学喷气推进实验室（JPL），领导者是爱德华·C.斯通（Edward C. Stone）。雄心勃勃的科学家们设计了包含4艘太空飞船的宏大任务。但20世纪60年代末，随着尼克松成为美国总统，外太阳系的探索经费被大幅度削减。

1972年，伟大航路团队获得了2.5亿美元（在今天相当于100亿人民币）的经费，但这只是原计划的一半。缩水的经费只够支撑两艘飞船，它们就是后来的“旅行者1号”和“旅行者2号”。在经费有限的情况下，飞船的设计仍然承袭了原有的伟大航路计划，但Ed Stone的团队谨慎地将主要的计划目的定为“探索土星和木星”。

从1962年到1973年的10年间，NASA发射了10艘“水手号”探测器，主要任务是探索内太阳系，其中7艘成功完成任务。“水手2号”完成了第一次对行星的近距离飞跃（金星）。“水手9号”则成功进入了火星轨道，成为第一个环绕地外行星轨道的卫星。“水手10号”第一次成功利用了其他行星的引力弹弓效应，它借助金星的引力加速前往水星。这些飞船的技术基本上涵盖了旅行者号的核心需求。但“旅行者号”比起以前的飞船有一个重要的不同——它们的航行时间要长得多。

漫长的旅程对飞船的动力和仪器寿命提出了要求。地外空间中虽然物质密度很低，但仪器受到高能宇宙射线轰击的概率却大大提高。所谓高能宇宙射线是指宇宙空间中具有极高动能的粒子，比如高能质子和其他更重的高能原子核。太阳本身就在不断喷射出高能宇宙线粒子，此外还有宇宙线来自银河系之外。在地球上，磁场和大气层阻挡了大部分的高能宇宙射线。但出了大气层，飞船就暴露在这些高能粒子下，当飞船接近木星时，也会受到木星本身辐射的影响。高能粒子可以带来各种问题，小到改变时钟计时几秒钟，或者在飞船拍摄的照片上留下一道白线。也有极少数情况，高能粒子可以造成一个软件完全崩溃或者让一个仪器报废。

飞船工程师们对付高能粒子有很长的历史，但管用的办法不外乎两类：增加防护板，一般是钛金属制造的；或者携带多个硬件的备份，并重复备份核心软件。飞船的所有软件都在不断地自查，以期及时发现问题。即使这样，有的仪器还是会在刚出航不久就出现无法修复的问题，这时候就只能随机应变了。

远距离飞行的另外一个问题是电能的来源。环绕地球的卫星或者在内太阳系飞行的飞船可以使用太阳能帆板。但是太阳能帆板在外太阳系是低效率的，太阳光的强度随着飞船的远离而迅速衰减。

当飞船飞行到木星的时候，太阳能帆板接收到的能量只有地球轨道上的1/25, 当飞船航行到海王星时，这个数字会进一步下降到1/900。“旅行者号”采用了一块核能电池作为能量来源，核原料是钚238。钚是元素周期表里的第94号元素。钚238是钚众多同位素中的一种，由94个质子和144个中子构成。钚238可以通过衰变变成铀234和一个氦原子核，同时放出热量。相比其他的放射性元素，钚元素的衰变特别适合作为电池的能源，因为它衰变过程中较少地产生高能伽马光子，从而对仪器的损害比较小。

“旅行者号”漫长的旅途对通信的要求也非常高。发射一个空间探测器只是第一步。空间探测器并不是完全靠预定好的轨道飞往目的地，自主进行探测获得。地球上的科学家和工程师必须随时掌握探测器的位置和运行情况，对旅行进行微调。对“旅行者号”来说，大行星的质量和引力比较容易计算，但路上遇到的未知的小天体有可能对飞船的路线造成微小但后果严重的影响。特别是木星和土星都拥有大量的卫星，当飞船飞越这两颗行星时，卫星的引力可能严重影响飞行器。此外，引力弹弓借力需要飞船很靠近大行星，行星的磁场和大气都可能是飞船前进的阻碍。

每一艘飞船都带有燃料，用以进行空间机动，但留在地球上的科学家和工程师们需要有办法时刻掌握飞行器的姿态、航速、位置以及科学仪器的状态。日地距离是8分钟，木星的距离到地球的距离是这个距离的4到6倍，也就是需要一个小时左右才能交换一次信息。当飞船到了外太阳系，一般需要数小时才能相互通信。此外，当飞船飞越行星时，飞船有时会被行星挡住，因此及时、有效地回传无法完成。飞船必须有能力将重要的照片储存起来，等待通信恢复时再次将数据传回。

有趣的是，在旅行者号发射的年代，计算机的储存能力还非常差。旅行者号上用来暂时储存信息的并不是我们今天司空见惯的闪存或者硬盘，而是8轨道的磁带。

太阳的亮度会随着距离衰减，飞船发出的信号也一样随它和地球的距离快速衰减。为了更好地进行通信，NASA专门为飞船建设了深空探测网，由3个巨大的射电望远镜构成，分别位于西班牙、澳大利亚和美国的加州。这样，当飞船在宇宙中航行时，科学家仍然可以和飞船通信，甚至还可以将新的程序和指令传到旅行器上。

1977年8月20日，第一艘“旅行者号”飞船成功发射离开地球。有趣的是，这艘飞船反而被称作“旅行者2号”，而“旅行者1号”的发射要晚3周，9月5日才离开地球。虽然发射较晚，但“旅行者1号”要比“旅行者2号”速度更快一些。在飞到火星和木星之间的小行星带时，“旅行者1号”超过了旅行者2号。“旅行者号”飞船重947公斤，其中15%的重量是仪器设备，包括了光学相机、紫外线相机、重力测量仪、磁场测量仪、高能粒子探测器等各种设备。两艘“旅行者号”飞船的旅途是太空时代的传奇，它们旅程的每一步都为人类带来新的发现。

1979年3月5日，“旅行者1号”飞抵木星。木星是太阳系最大的行星，它的成分和太阳很类似，但质量太小，核心处的温度和压强不足以使得氢元素发生聚变。木星大概需要增加80倍的质量才能成为一颗暗淡的恒星，但它是强大的引力源——人们到目前已经发现了67颗木星的卫星——拥有自己的小帝国。

木星最靠内的4颗卫星的发现可以追溯到伽利略，所以也被称作“伽利略卫星”，但直到“旅行者号”飞掠木星，人们才得到这4颗星球详细的图片。在“旅行者号”出发之前，科学家们一度担心飞船的卫星之旅将会非常无趣，每一个卫星的内核都可能已经冷却——寒冷、灰暗、了无生气，布满了环形山，就像月球一样。但Io（木卫一，即伊奥）的景象完全颠覆了人们的预期。在“旅行者1号”第一次飞越木卫一Io时，传回了很多Io的照片，星球上似乎有很多奇怪的斑块。人们很快发现，这些斑块绝不是环形山，而是火山爆发！这些火山的物质可以抛射到100公里的高度，有的火山的爆发能量超过了地球上所有火山能量的总和。因为火山频发，Io是太阳系内地质变化最剧烈的卫星。“旅行者2号”飞船于4个月后再次访问Io，在这样短暂的时间里，Io的地貌就已经发生了变化。

是什么为火山供给能量？研究者发现他们之前漏算了来自木星的潮汐能。木星巨大的引力在Io靠近它的那一边强一些，在远离它的那一边弱一些。这样的引力差会对行星造成拉扯的作用，使得Io的形状稍稍地向木星的方向隆起，由球状变成椭球状。Io和木星以及其他卫星之间的相互作用，会使得Io变形的方向不断发生改变。这就好像一只无形的巨手，不断地挤压和扭曲Io。在这个过程中，潮汐能的拉扯会转化为加热Io内核的热能。

“旅行者1号”飞掠木星的时候没有赶上Europa（木卫二），但“旅行者2号”拍到了它的照片。Europa带给人类的惊喜更大。人们发现Europa表面居然非常光滑，只有很少的环形山，都是很近期的碰撞造成的。这表明Europa上的地质活动也非常活跃。科学家们从Europa的照片上找到了纵横交错的网络，而这很可能是冰川活动造成的。

“旅行者号”的发现启发了后续“伽利略号”木星探测器对Europa的详细研究。“伽利略号”提供了更多的证据，显示不但Europa上存在水冰，而且在冰层下方，很可能存在着100公里深的液态海洋。如果在Europa的液态海洋中存在和地球类似的海底火山，那么木卫二很可能是除了地球以外，最适合生命存在的地方。

带着满满的收获，“旅行者号”开始向土星进发。长久以来，人们就知道土星有一个漂亮的光环。从小型的爱好者级别的望远镜中观看，土星光环有时候厚一些，有时候薄一些，这种变化主要反映了土星倾角的变化。通过研究光环的反射率，人们猜测土星环应该是小冰块构成的。“旅行者号”带回的照片帮助人们确定了光环中冰质颗粒的大小：应该大多数和地球上的大雪球差不多。

但“旅行者号”的土星之旅最主要的科学目标却不是行星本身，而是Titan（土卫六）。地面大型望远镜的红外波段观测显示，Titan是一颗具有大气的卫星。而且在“旅行者号”访问Titan之前，研究者已经在Titan大气中发现了甲烷和其他几种简单的碳氢化合物。很多科学家认为Titan很可能具有一个和原始地球类似的大气。负责“旅行者号的科学家们非常期待去看一眼这个“史前地球”。为此他们要求“旅行者1号”以极近的距离掠过Titan，这使得“旅行者1号”失去了借力木星飞往海王星和天王星的机会，在离开土星后直接飞向太阳系外。

事实上，“旅行者号”的项目科学家爱德华表示，如果“旅行者1号”失败了，“旅行者2号”也会义无反顾地前往Titan。然而“旅行者1号”并没有能够看到Titan的表面，因为它被浓浓的雾和霾遮蔽。Titan好像一个化工厂，生产了各种碳氢分子。碳氢分子之间进行着复杂的转化来维持平衡。真正对Titan地表的研究要等到数年后的卡西尼号探测器和惠更斯号登陆器，那时人们会了解到Titan上分布着液态乙烷构成的湖泊。

“旅行者1号”带回的数据帮助科学家了解了Titan的大气构成，但雾、霾如此严重，科学家们判断即使让“旅行者2号”以更近的距离飞过也无法看到地面。这对“旅行者2号”是个好消息，“旅行者2号”因此得以继续伟大航路上的旅程，飞向天王星和海王星，在那里，“旅行者2号”测量了两颗冰行星的磁场，发现它们严重地偏离了行星自转轴。“旅行者2号”还发现了天王星环，以及海王星的6颗新卫星。

此时，“旅行者1号”先一步踏上了飞向太阳系外的旅程。这是“旅行者号”的终极任务。两艘“旅行者号”的速度在经过多次引力加速后早已超过了逃逸太阳系引力束缚所需的速度。太阳系的范围是非常广大的，最外围的奥尔特云的边界可能在一光年之外。这是“旅行者号”无论如何都无法在工作寿命内到达的。但“旅行者号”有可能探索太阳系的另一种边界——太阳风的边界。

太阳内部的核聚变产生巨量的光和热，这些能量使得太阳表面每秒钟有10亿公斤的太阳物质（主要是氢和氦）被抛射到宇宙中。这些粒子被称作太阳风，它包裹着太阳系内的所有行星。在地球上，太阳风和地磁场相互作用，然后被带到极地的高空产生美丽的极光。在太阳系的外围，太阳风将会和恒星际的物质相互作用。太阳的喷射物和星际介质发生相互碰撞，就会形成一个纺锤的形状。太阳风从太阳中心开始减弱，但是到了太阳系外围却又有一个短暂的跃升。这是太阳风和星际介质融合的地方，太阳风开始明显受到星际物质的阻力，速度变慢，密度却升高，这就好像一个十字路口被红绿灯阻挡的车流。

2004年，在离开土星27年之后，“旅行者1号”突然监测到了太阳风速度的下降，这说明“旅行者1号”确实已经临近了太阳系的边缘。

今天“旅行者1号”是否已经离开了太阳风的包围，进入了星际空间？2012年，“旅行者号”团队的科学家发现“旅行者1号”上探测到的来自太阳系内部的宇宙线粒子急剧下降，起源于银河系的宇宙线粒子增加。这种变化反复了数次，最终，“旅行者号”再也探测不到来自太阳系内的宇宙线粒子。科学家们推测，“旅行者号”应该已经进入了星际空间之中。

“旅行者号”的下一步目标在哪里？在旅行者计划的领导者艾德·斯通（Ed Stone）访问中国国家天文台时，我曾经问他是否计划“旅行者号”在离开太阳系后的旅程：是否在未来的某一天，旅行者们可能会进入另一颗恒星的引力范围。艾德·斯通否定了这一点：我们没有计划过旅行者号的未来，事实上，直到它们离开银河系，它们也只有5%的可能性被另外一颗恒星的引力俘获。

黄金唱片和暗淡蓝点

虽然“旅行者号”几乎不可能访问其他的恒星系统，但飞船上仍然携带了地球人给外星生命的“信件”。“旅行者号”并不是第一个携带“信件”的探测器。“先驱者10号”和“先驱者11号”探测器，就已经各自携带了一块镀金铝板，上面镌刻着一幅图画，包含了地球的基本信息和人类对外星文明的问候。这张金属名片的设计者是美国著名行星学家卡尔·萨根（Carl Sagan）和地外文明专家弗兰克·德雷克（Frank Drake），以及萨根的妻子琳达·萨根（Linda Sagan）。“旅行者号”虽然出发比“先驱者号”更晚，但因为具有更快的速度，反而会先一步离开太阳系。卡尔·萨根等人当然也不会放过这个寄出“信件”的机会。这一次，他们精心设计了一张黄金唱片，它可以在有限的面积上容纳更多的信息。

唱片由镀金的铜板制成，封面刻录着解读唱片的方式，获取它的智能生物需要以3.6秒一转的方式播送声音。这些来自地球的声音分为3类：首先是来自不同国家不同语言的问候。之后是来自大自然的声音：风声和雷鸣，鸟鸣和鲸鱼的歌声，火车驶过和飞机掠空的声响……最后是27首乐曲的片段，有巴赫的《勃兰登堡协奏曲》，也有来自中国的古曲《高山流水》和来自澳大利亚的原住民音乐。

除了声音，唱片还包含了一百多幅来自地球的图像。图像的第一张是校准图像，如果外星人正确地按照封面上指示的方式将声音信号转化为图像，就会看到一个正圆。第二幅图像绘制了太阳系和附近脉冲星之间的距离。这可以看作地球在银河系中的坐标信息。外星文明必须对银河系中脉冲星非常熟悉才可以解读这幅图像。银河系中不同天体的位置都在随着时间变化，这些脉冲星的位置也会发生变化。随唱片一起的还有一小块高纯度的铀238，这种铀同位素的衰变周期非常长，外星智慧生命如果获取了唱片，就可以通过铀的衰变比例估计探测器的出发时间。如果外星文明能够建立银河系天体精确的运动模型，结合探测器在太空中运动的时间，就可以推算出太阳系的准确位置。随后德雷克用图示介绍了人类的数字运算系统、物理单位定义以及太阳系的参数。唱片中还包含了几张太阳系行星的照片。在介绍了太阳系基本信息后，图片转向描述地球和人类。后续的照片中包括的地球上的宏观景象、自然风景和人造建筑。也包括了人的生物信息：DNA结构的图示、细胞的分裂、婴儿的诞生、男性和女性的分别，以及人类的解剖图。图片中也包括不同年龄的人，展示了他们相互间的合作、亲密的关系、孩子的游戏和成人的体育竞赛。

因为唱片储存能力有限，照片和声音尽可能地包含了多层次的信息。例如，一张海浪的照片可能不但表达了地球人的审美观，也包含物理事实。发达的外星文明可能通过这张照片推测地球上存在液态水构成的海洋，也可以通过这张照片猜测地球的大气成分。一张父亲抱着孩子的照片，反映的不仅仅是父女之间的亲密关系，也反映了人的不同器官的功能。如果外星人发现父亲看着孩子，孩子看着镜头，他们就可以推测出眼睛是人类的视觉器官。

狗的叫声在唱片中出现了两次，第一次是野狗威胁敌人的叫声，第二次却是驯养的家犬较为温和的声音，反映了人类对自然的改造。中国的音乐《高山流水》被收录，不仅因为它代表了中国文化，也蕴含着人类对于流动的时间的感触。

镀金唱片包含的图片不仅希望向外星文明表达“地球是什么样”，还希望表达“人类如何看待地球和自身”。20世纪70年代是伟大的太空时代，人们对于和外星生命的接触无比期待，充满了向往。虽然从人类历史上看，不同文明的接触并非总是有好的结果，有时可能会带来毁灭性的灾难，但卡尔·萨根和他的同事深信发达的地外文明一定也具有高度发达的道德观。金色唱片以最大可能的方式表达了地球美好的一面，他们希望这张唱片能够最终传递到外星生命手中。如果外星文明没有我们发达，这张金色照片将会启迪他们的科学和文化。如果外星生命比我们先进很多，唱片的设计者希望他们能够从唱片中看到地球的美好，也许他们会来到地球帮助我们达到他们的文明水平。

“旅行者1号”的电池可能不会再支持下一个20年，但金色的唱片却可能在宇宙中保存很久。即使“旅行者号”漂泊1亿年，黄金唱片上的信息也仅仅损坏2%。如果宇宙中只有地球一个地方适于智慧生命的生存，那么“旅行者号”就将载着黄金唱片永远流浪下去。直到地球上的人类文明消失，黄金唱片还会像移动的墓碑一样记录着地球文明。卡尔·萨根意识到，发送一封“信件”的意义，不但在于和外星文明进行可能的交流，也在于它帮助人类更好地认识自身。基于同样的理由，在“旅行者1号”的整个旅途中，卡尔·萨根不断地提出倡议，希望“旅行者号”拍摄一下地球的照片。旅途开始的时候，负责相机的团队对此建议并不积极。因为在外太阳系回头看，地球的位置和太阳很接近，而拍摄太阳是件有点危险的事情，亮度太强，有可能损伤相机，影响之后的科学计划。当飞船旅行到海王星外的时候，相机的任务已经接近结束，没有更多的照片需要拍摄了，“旅行者2号”的自拍计划终于得到了通过。

“旅行者2号”传回的照片可能是有史以来最有名的一张自拍照，不是某个个人的，而是整个人类的自拍照。此时的“旅行者2号”已经距离地球64亿公里。地球在“旅行者2号”的照片中还不及一个像素大。照片中地球变得非常暗淡，几乎完全隐藏在太阳的散射光中。但人们还是可以看到这个蓝点，虽然暗淡，却无法忽略，虽然渺小，却蕴含着伟大。它仅仅是群星之间一颗微尘，却可能是宇宙中唯一想要理解宇宙的微尘。

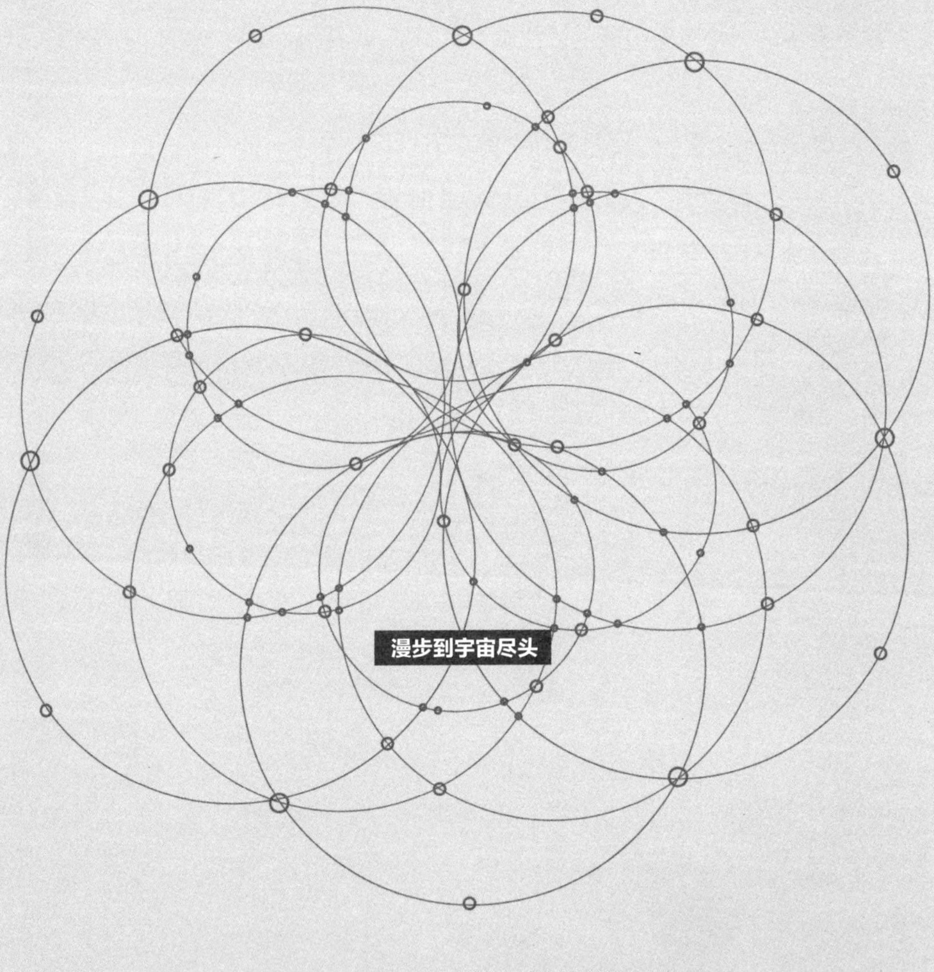

漫步到宇宙尽头

第九站
火星计划

R o a m i n g   T h e   U n i v e r s e

人类热爱火星

如果人类想要成为一种在多个星球上生存的生物，我们应该去哪里？如果不去好高骛远地讨论在太阳系外建立第二家园的计划，只在太阳系内挑选，那么我想大多数人也许会投票给火星。

地球人对火星的狂热由来已久。早在19世纪，望远镜的进展使得观测者刚刚可以分辨火星上的地貌，很多天文学家就开始热情制作火星的地图，由于望远镜的分辨率问题，很多的地图是观测和想象的混合物。第一个以绘制火星地图出名的人是乔范尼·夏帕雷利（Giovanni Virginio Schiaparelli）。在他的地图上，火星不但有太阳湖、塞壬海、大瑟提斯高原，还有四通八达的水道。乔范尼在自己的地图上将这些水道标记为“Channles”，这个词被英文错误地翻译为“运河”，直接引发了公众对火星生命的想象。后继的观测者中，美国天文学家帕西瓦尔·罗伦斯·罗威尔（Percival Lawrence Lowell）坚信这些水道绝非天然生成，而是人工造物，他甚至声称在火星上“运河”的交汇处看到了绿洲。1938年的万圣节，也许是为了烘托节日气氛，哥伦比亚公司播放了改编自赫伯特・乔治・威尔斯（Herbert George Wells）的小说《火星人入侵地球》（*Invaders from Mars*）。为了追求真实感，广播公司以现场报道的形式播报了火星人在美国登陆的实况，并称美国军队已经在火星人的攻击下全军覆没，整个世界陷入了严重的危机。这则今天看来太过夸张的广播剧在当时竟然引起了不小的恐慌，很多观众没有听到广播结束时的解释，真的认为火星人进攻了地球。大约有上百万美国人因为听到这个广播剧而感到惊恐，不少人甚至真的从家中逃出。

在太空时代到来之后，火星上存在智慧生命的言论迎来了终结。“水手4号”飞船于1964年年底第一次飞越火星，传回了火星的图像。从图像上看，很显然火星是一个缺乏生命气息的星球，不仅大气太过稀薄，而且可以看到像月球环形山一样的撞击坑。但随后的“水手9号”又让人们燃起对火星新的热情，它发现火星表面的地貌远比月球丰富，除了撞击坑外，还存在类似峡谷和河床一样的结构。追随水手飞船的是来自各国的几十艘火星探测器。其中大多数探测器只是飞掠过火星，或者停留在火星的轨道上，只有少数的几个探测器成功地着陆。这些探测器为人类带来了丰富的火星资料。

平心而论，火星远不如地球舒适。火星的平均温度只有零下70摄氏度，和地球的极地类似。更要命的是火星上的大气主要由二氧化碳构成，只有不到0.4%的氧气，土壤中富含高氯酸盐，所以杀死一切你能想到的植物，大气压不到地球的1%，不穿增压服就能要人命。火星的磁场很弱，这使得高能太阳风离子和宇宙线可以直接轰击大气层。由于火星的大气远比地球稀薄，高能粒子有相当部分可以抵达地面，对地面的宇航员造成伤害。

但相比太阳系的其他地方，火星已经是一片太好的乐土。火星外围的木

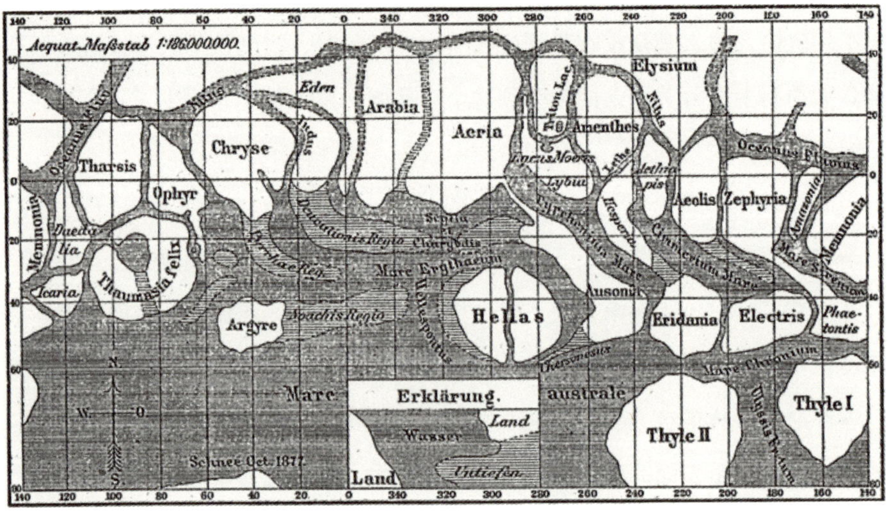

图9.1 乔范尼·夏帕雷利绘制的火星地图

星、土星都是气态巨星，连个落脚的地面都不存在。而更远的天王星、海王星离太阳实在太远，整个世界处于冰冻的状态。

其他的两颗类地行星处在地球轨道以内，它们接收到太阳太多的光和热。拜太阳所赐，水星几乎没有大气层，白天在太阳直射下温度高达420摄氏度，晚上由于没有储热能力，温度可以下降到零下180摄氏度。金星倒是有一个大气层，但这个大气层过于稠密，地表气压达到了地球的92倍。更糟糕的是，金星浓密的大气层充满了二氧化碳，带来了强烈的温室效应，以至金星白天的温度还要超过水星。

说到白天，金星事实上处于所谓的潮汐锁定状态，也就是说它总是有一面对着太阳，酷热难当，而另一面总是无边的黑暗。

相比之下，人们可以在火星上，建造一个小型的封闭式殖民地。殖民地封闭后，大气压过低就不是困扰。而氧气可以从火星大气中提取，水可以从土壤中获得，净化后就可以用来饮用、种植。

火星的重力只有地球的1/3，这使得建造工作能够轻松不少。在火星上人类甚至不用调节自己的生活作息习惯，实行8小时工作制，因为火星的自转周期和地球非常接近，大约24小时多一点。相比之下，金星的一天有5832个小时。

在我写本书的时候，火星探索正引起一轮新的热潮。前美国总统奥巴马在新闻访谈中宣布，美国政府将致力于在2030年将人类送上火星。稍早一些时候，中国嫦娥计划的负责人欧阳志远院士宣布中国也将致力于火星探测，这个计划包括了从2020年到2030年的一系列探测器，飞船虽然不会载人登陆火星，却计划要携带火星样品返回地球。

而这些国家级别的计划，都还赶不上美国私人公司SpaceX（美国太空探索技术公司）总裁、亿万富豪埃隆·马斯克（Elon Musk）的个人计划宏伟。2016年9月的一次会议上，他宣布了一个新的火星探索计划。这个计划的目标是在可见的未来使得100人移民火星，甚至他还算出了去一趟火星的花费——如果往返火星的飞行器可以多次利用，那么移民船票的价格就会大大降低，大约需要50万美元。要知道，现在仅仅是预订一张飞出大气层5分钟的机票就需要花去大约10万美元。

图9.2 SpaceX公司火星飞船艺术概念图

火星上的水

水对地球生命至关重要。生命最先在海洋中孕育。水又是大多数生物最主要的组成部分，是生物体各种循环的载体。水在地球上广泛分布，3/4的地表被水覆盖。地球上的水从何处来？科学家一般认为地球在形成初期不太可能存留住海洋，类地行星形成过程中频繁地碰撞、合并会使得原有的水分蒸发掉。地球上的海洋很可能是在地球形成之后才由其他富含水分的较小天体带来的。

太阳系中其实并不缺少水。彗星，那些拖着长尾的旅行者实际上由大量的水冰和尘埃构成。一些研究者提出地球上的海洋很可能是彗星带来的。

按照今天的观测，地球的海洋的形成需要消耗上千颗30公里左右的彗星。在今天的太阳系里，彗星的碰撞概率不能满足这样的要求。但是在地球远古的幼年时期，太阳系是一个远比今天危险的地方。在大约38亿年前，彗星和内太阳系行星的撞击非常频繁，也正是在同一个时间里，月球背对地球的那一面被撞出了密布的环形山。

然而后续的研究显示地球海洋的起源比这种假说要复杂得多。如果彗星起源说成立，那么我们应该预期彗星上的水和地球上的水具有同样的同位素比例。水分子由一个氧原子和两个氢原子构成。在地球上的海洋中，水分子中的氢原子有很少的一部分是氢的同位素氘。大约每有10,000个氢原子，就会有1.55个氘原子。氢和氘的原子核都非常稳定，所以对于不发生核聚变的天体，氘对氢的比例几乎就像一个烙印，不会变化。如果地球上的水确实来自彗星，科学家预期也会在彗星上发现和地球海洋同样的同位素比例。

然而在1986年，欧洲航天局发射的Giotto 探测器曾掠过哈雷彗星，Giotto自带的探测器显示哈雷彗星上氘对氢的比例是地球海洋中的两倍。哈雷彗星是一个典型的来自太阳系外围奥尔特云的彗星，早前的假说正是相信这样的彗星带来了地球上的水。2014年年底，欧洲航天局发射的Rosetta飞船，进入了另一颗编号为67P/Churyumov Gerasimenko的彗星，这次直接探测的结果也显示彗星上的氘对氢比例高于地球海洋中的比例3倍。然而不同彗星上的同位素组成似乎也并非完全相同，来自赫歇尔太空望远镜的间接观测就显示，一颗编号为103P/Hartley 2的彗星就有非常接近地球的氢同位素比例，这些不同的观测显示了彗星成分的复杂性，我们仍然需要后续的更多观测为我们带来最后确定的结论。

不过，即使彗星最终被证明为不是地球海洋的来源，我们仍然可以在太阳系中找到其他富含水分的天体。比如，很多的小行星中也同样富含水分，它们也完全可能撞击地球形成海洋。对地球上一类被称作碳质球粒陨石（Carbonaceous chondrites）的研究也支持这样的结论。这种陨石来自坠落地球的小行星，其中包含20%左右的水（水合物），而它们的同位素比例恰恰和地球海洋中的水类似。

我们谈了不少关于地球上水的来源问题，这实际上并非故意跑题。不管是彗星还是其他富含水的天体撞击地球带来了海洋，这些天体也一样会撞击其他的类地行星，比如火星和金星。那为什么火星和金星没有海洋呢？天文学家认为，金星在历史上曾经确实和地球相似，有着液体水构成的海洋。但是金星的温室效应非常严重，过高的地表温度使得水完全被蒸发到大气中。在大气中的水进一步被太阳的紫外线解离为氢离子和氧离子。在高温下，氢气会迅速地从大气层中逃逸。更糟糕的是，金星几乎没有磁场，太阳风中携带的高能离子会直接和大气层接触，将氢离子和氧离子更快地带出大气层。相比之下，地球磁场却可以很大限度保护大气中的水分不被太阳风剥离。

火星上也同样可能在远古存在海洋和湿润的大气，但是火星的质量只有地球的1/10，无法维持像地球这样稠密的大气。今天火星表面的大气压只有地球海平面大气压的6/1000。低压下火星表面的水可能会迅速蒸发，或者冻结成冰，无法以液态形式长时间存在。但火星和金星不同的地方在于火星的温度很低，平均温度只有零下63摄氏度，低温有助于火星保持水冰。在地球上用望远镜观察火星，可以看到火星的两极被白色的“冰原”覆盖。火星轨道探测器告诉我们极地冰原表面是冻结的二氧化碳，也就是“干冰”。随着火星夏季温度升高，干冰会升华，带来“冰原”面积的剧烈变化。升华的二氧化碳气体会在两极形成速度为400公里每小时的飓风。但火星轨道探测器的雷达探测仪同时发现在二氧化碳冰原下方储藏着巨量的水冰，深度可达数英里厚。这些冰的总量相当于地球上格陵兰岛冰层体积的30%。而“好奇号”火星车也发现，火星的土壤中有1.5%～3%的水。

有研究者认为，火星早期地质活动可能远比今天剧烈，大量的火山喷发给大气中充入了大量的二氧化碳和水蒸气。这些气体会带来剧烈的温室效应，使得火星早期的温度远比今天高，可以保持液态的地表水，甚至是海洋。

但今天火星表面还有液态水吗？研究者曾推断表明液态水不太可能存在。因为火星的气压太低，水在火星的温度范围内要么冻结成冰，要么迅速升华，但实际的情况出乎我们预料。2011年，NASA发布了一系列由火星勘测轨道飞行器拍摄的图片。图片显示火星在南半球中低纬度地区的一些斜坡上有明显季节性变化的暗纹。科学家将其命名为“季节性斜坡纹线”（recurring slope lineae）。这些纹线表明火星上存在某种可以蒸发的液体。在这样的纬度上，火星的温度在夏季可以达到零下20摄氏度左右。按照地球上的经验，液态水是不可能存在于这样的低温下的。但这些水中溶解着大量的盐类，它们使得水的结冰温度大幅度地降低。也就是说，火星表面可能季节性地存在着“卤水”。2015年9月，NASA进一步发布了火星存在液态水的证据。研究人员通过光谱分析发现，“季节性斜坡纹线”生长的地区存在着水合盐。而这些盐的分布和纹线的宽度强相关，只有在纹线最宽的地方才可能探测到这些水合盐的存在。这很强地暗示了这些季节性变化的纹线可能正是由水在夏季的融化流动造成的。

这些水中可能存在生物吗？答案并不明确，我们已经知道的是这些液态水中溶解了高氯酸盐，这对绝大多数生物来说都是严酷的挑战。但不管怎么说，火星上确实存在大量的水，这将是未来火星殖民地的重要资源。

在火星上种土豆

史密斯把麦粒接过来，仔细看了一下，发现麦粒是完整的，一点也没有损伤，于是就对水手严肃而平静地说道："潘克洛夫，你知道一粒小麦能结多少穗吗？"

"我想也就是一个吧！"水手听了这个问题觉得很奇怪。

"十个，潘克洛夫！你还知道一个麦穗能结多少粒麦吗？"

"不，这我可不知道。"

"大概八十粒！"赛勒斯·史密斯说，"所以，要是我们把这粒小麦种下去，第一次可以收到八百粒；再把它们种下去，第二次就能有六十四万粒；第三次就有五亿一千二百万粒；第四次就有四千亿粒以上！比例数字就是这样。"

史密斯的伙伴们默默地听着，这些数目使他们惊讶，然而却是实际情况。

——儒勒·凡尔纳《神秘岛》

在凡尔纳的小说《神秘岛》中，工程师赛勒斯·史密斯和他的同伴们被偏离航向的热气球送到了远离人类世界的火山岛上。利用科学知识，工程师指导他的伙伴们将蛮荒之地变为桃花源。在上面的一段对话中，工程师向朋友们普及了指数增长的力量。在故事中，他们最终用一颗小麦在3年间产出了足以做出大量面包的面粉。

2015年广受关注的电影《火星救援》中，宇航员马克·沃特尼被不小心扔在了火星上，不得不上演同样的“荒岛耕种”戏码。电影非常细致地思考了宇航员在火星上遇到的困境和解决的方案。不过，沃特尼的处境比工程师史密斯更糟糕一些。不像工程师拥有物产丰富的火山岛，还有不时空降补给的尼摩船长，沃特尼手上只有土豆（好在他是个植物学家）。土豆是种植的好选择。作为粮食，土豆含有大量的碳水化合物，同时也不缺乏蔬菜中的营养成分。土豆种植起来也比较容易，直接用土豆块埋在土中就可以繁殖出新的土豆。事实上，美国航天局已经开始和国际马铃薯中心研究在太空中种植土豆的可能性。这些土豆会从数千种候选者中挑出来，并在地球上寻找和火星类似的严酷环境试种。也许未来土豆真的会成为火星基地的主粮。

火星的平均温度是零下63摄氏度，任何作物都无法在火星的露天环境中生长。沃特尼必须造出一个适宜种植的温室。他还必须把土豆种在含有水分的土壤中。太空任务一般不会携带大量的水，因为事实上人类并不消耗水，只是利用水来完成体内循环和代谢，而水循环装置会回收人类“排出”体外的水分并净化重新利用。但为了种土豆，沃特尼需要更多的水，他不得不通过燃烧火箭燃料的方式来获得水。火箭燃料中当然含有大量氢元素，在氧气中燃烧后就会产生水。可是氧气从何而来呢？答案就是火星大气。火星大气含有的氧气很少，不到总量的1%，但火星大气中大量的二氧化碳可以成为氧气的来源。目前，美国宇航局正在开展一项名为MOXIE的研究，计划在2020年将氧气合成机部署到火星上。这种氧气合成机可以收集火星大气中的二氧化碳，并将其电解为氧气和一氧化碳。一氧化碳被排出到火星大气中，氧气就可以供宇航员使用了。我们可以合理地认为沃特尼携带了这样一部氧气合成器。这样，他就拥有了大量的水，并且永远不用为消耗了氧气犯愁。

但只有水是不能种出土豆的，沃特尼还需要肥料，以及含有微生物的土壤。电影中，沃特尼拥有一些从地球带来的土壤，但数量上远不够种植土豆，所以他需要将地球土壤和火星土壤掺杂在一起。这样做有一个潜在的危险——火星的土壤中可能会含有杀死植物的毒素，比如已经在火星上发现的高氯酸盐，也许沃特尼需要设计一个清洗流程来去除火星土壤中的有害物质。也许他已经做了，只是观众不需要在电影中看到这些相对枯燥的细节。但如果未来要建造火星基地，高氯酸盐就会成为人类所要面临的一个大敌，不仅仅因为它会危害土壤中的植物生长，它也会随着火星上频繁的沙尘暴侵入人类生活的环境。防沙防尘会是一个比在地球上更加严重的问题。

在《火星救援》的电影中，由于栖息舱的面积不足，土豆种植的速率受到了限制，沃特尼永远无法像神秘岛的工程师一样不断扩大种植，即使没有发生电影中的爆炸事件，沃特尼种植的土豆也不足以让他在火星上一直生活下去，只能将他的生存时间延长。

要想在火星上殖民，人类需要建立大型的封闭殖民地。1982年，一个名叫“协作者”（Synergist）的组织开始筹划在地球上建造一个大型的封闭基地，用以实验火星殖民的可靠性。在亿万富豪艾德·巴斯的支持下，协作者组织建立了“生命圈2号”。这是一个全封闭式的生态实验基地。它之所以被称作“2号”，是因为地球被研究者们看作“生命圈1号”。在计划中，“生命圈2号”

包含了沙漠、雨林等多种地球生态类型，种植了包括木瓜到红薯在内的各种作物。生命圈完全与外界隔离，氧气、水循环、食物生产都完全由圈内设施完成。1991年，8名志愿者被媒体如同英雄般欢送进入“生命圈2号”，开始为期两年的实验。但是仅仅在第10天，一位名叫简·波因特（Jane Poynter）的志愿者就把自己的一根手指断在了打谷机里，而不得不短暂地离开“生命圈2号”进行治疗。随后的实验中，各种预料之外的问题接连发生。水池中的鱼因为过量养殖而死亡，蟑螂和蚂蚁大量繁殖，而用来传授花粉的蜜蜂却濒临灭绝。由于室内温度和湿度过高，雨林类植物很快击败了其他的对手疯长起来。第一年，8位实验者没能种出足够的粮食，导致他们的体重都出现了明显的下降，但好在第二年他们多产出了一吨粮食，才恢复了正常体重。

实验里遇到的最严重挑战是氧气的丢失。在“生命圈2号”中，虽然种植了大量的植物，但氧气含量并不如想象中稳定，而是逐渐减少，以至在1993年，人们不得不向生命圈中注入额外的氧气以保证实验者不窒息而死。在很长一段时间里，缺氧的原因都无法找到。人们怀疑是肥料中的微生物在分解过程中消耗了氧气，但是无法解释为什么二氧化碳含量虽然急剧波动却并没有上升。

后来人们终于发现了原因在于二氧化碳的复杂循环过程。在地球上，生物的呼吸、有机物的腐败、化石的燃烧都会消耗氧气，增加二氧化碳的含量，而植物的光合作用又会将二氧化碳转化为碳水化合物并释放氧气。但这并不是唯一的从空气中移除二氧化碳的方式，二氧化碳也会经过各种途径和地球岩石中的钙质结合成碳酸钙，固定在岩石里。在这个过程中，大气减少了二氧化碳，但并没有释放氧气。在“生命圈2号”中也存在着类似的过程。建筑的内墙是用混凝土制成的，它可以跟二氧化碳发生反应，从而消耗掉多余的二氧化碳。

在1995年第一期实验结束时，媒体和出资方都对实验的结果感到灰心丧气。第二期实验在开始后不久就被迫终止，艾德收回了自己的物业，并将其租给了哥伦比亚大学。然而，从今天来看，“生命圈2号”并非完全失败。它确实教给了我们很多知识。首先，生态系统是非常复杂而多变的，即使精心设计出的平衡也很容易在大环境（比如温度）的变化下迅速被打破。其次，“生命圈2号”的氧气缺失说明了地层物质和大气复杂的相互作用，这是人们之前忽视的。

未来火星上的殖民环境不应该依赖初始的精细调节，而应该有足够的能力维持动态平衡，抵御突发性事件。“生命圈2号”之后，再没有出现如此大规模的孤立生态系统实验。但如果SpaceX最终真的要在火星上建立小型的殖民地，它应该将这样的实验放在和飞船设计同等重要的地位上。

图9.3 “生命圈2号（Biosphere 2）”外观。摄影 DrStarbuck

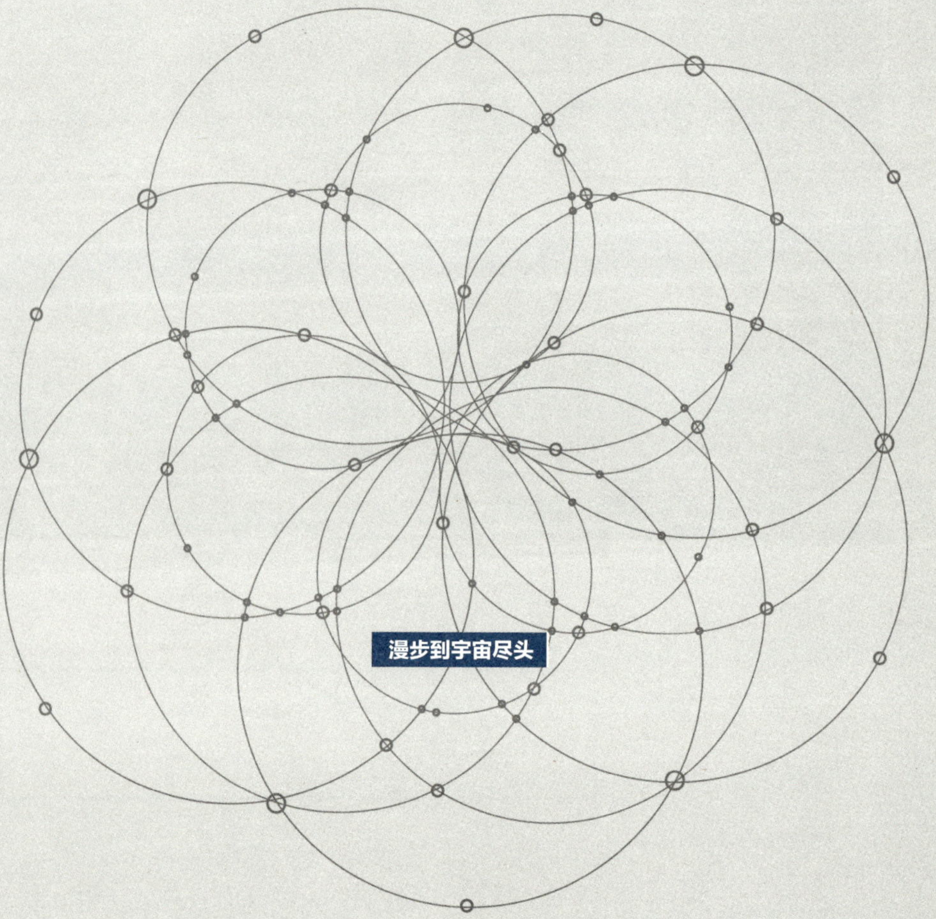

漫步到宇宙尽头

第十站
更快的星舰

核动力飞船

空间中几乎没有物质，飞船不能像划船一样前进。所以如果想要向前，就必须朝后方扔掉点什么。飞船向前飞行的增加的动量（质量乘以速度）完全来自发动机喷出物质的反向动量。飞船在喷射物质的过程中一直加速，所以如果想要飞船飞得更快一些，第一个选择就是携带更多的燃料。但是，当飞船携带了很多燃料以后，燃料自己的重量也会成为发动机的负担。为了增加速度，飞船携带燃料重量的增加是指数式的。飞船需要增加携带10倍的燃料，飞船速度却只上升了1倍多一点。

加速飞船的另一个方法是增加飞船燃料的燃烧效率，这个方法可以使得飞船喷射物质的速度增快。这意味着如果飞船发动机能够更高效地产生能量，就可以获得更大的加速度。如果燃料的燃烧效率增加1倍，那么飞船最终可以达到的速度就可以增加1倍。目前的宇宙飞船普遍使用化学燃料作为发动机的能量来源。中国的新一代的运载火箭“长征5号”飞船使用液氢和液氧作为第一级的燃料。1千克的氢和4千克的氧完全燃烧产生水，在这个过程中一共可以放出1.43亿焦耳的能量。这是一种不小的能量，如果这些热量完全转化为电能，我们将会获得39度电，可以让家用空调在不太炎热的季节运转5～6天。然而化学反应仅能释放物质中蕴含的很少一部分能量。爱因斯坦在1905年提出了著名的质能转换公式：$E=MC^2$，这个公式告诉我们物质中蕴含的能量等于质量乘以光速的平方。如果1克的物质完全转化为能量，可以产生大约100万亿焦耳的能量，约相当逾3000万度电。

相比之下，原子核裂变释放的能量的效率要高得多。二次世界大战前夕，德国化学家和物理学家奥托·哈恩（Otto Hahn）发现了铀元素的裂变现象。奥托在用慢中子轰击铀元素后，发现产物中生成了较为轻的钡元素，并且释放了大量的能量。铀235这样的物质在吸收中子发生裂变反应后，还会生成一些新的中子，而新的中子又会撞击更多的铀原子，引发新的反应，这种连锁反应方式被称作“链式反应”，它导致能量的释放是爆发性的。随着世界大战的爆发，核裂变现象很快被战争双方重视起来。美国为了抢在纳粹德国之前研制出原子武器，在新墨西哥的沙漠里创建了洛斯阿拉莫斯实验室，启动了著名的曼哈顿计划，招募了包括罗伯特·奥本海默（Robert Oppenheime）、恩里克·费米（Enrico Fermi）、尼尔斯·波尔（Niels Bohr）、爱德华·特勒（Edward Teller）、理查德·费曼（Richard Feynman）在内的顶级物理学家。1945年，第一颗原子弹在沙漠里投掷，奥本海默用印度古代诗歌描述它毁灭性的威力：

漫天奇光异彩，
犹如圣灵逞威，
只有一千个太阳，
始能与它争辉。
现在我成了死神，

世界的毁灭者。

第一批制造的原子弹含有的铀235只有50千克左右，比起冷战后期的核武器犹如婴儿相对巨人一般孱弱，但这样小型的核弹已经足以匹敌15,000吨TNT炸药的威力。第一颗原子弹被投掷在日本广岛，威力超过了美军此前所有飞机轰炸之和，彻底毁掉了广岛市。投掷在日本的两颗原子弹是人类历史上仅有的两颗在战场上使用的核武器。幸运的是，在第二次世界大战结束后，虽然世界局势一度紧张，但持有核武器的各国都不再敢将核弹用于实际战争。

核能源如果可以被恰当地应用，将对航天事业产生巨大的推动。战争结束后，美国核物理学家乌拉姆（Stanislaw Marein Ulam）曾提出一个大胆的构想，利用原子弹产生的威力推进飞船的前进。在这一宏伟的蓝图中，太空飞船实际上是被一系列原子弹“炸飞”的——飞船将会携带一批小型核弹，并在发射的时候逐一释放这些核弹，这将为飞船提供足够的推力。乌拉姆估计只需要50颗左右的核弹，飞船就可以达到第一宇宙速度。这种飞船的飞行是脉冲式的，每一次核弹爆炸都会提供一个瞬时加速度。

20世纪50年代，泰德·泰勒（Ted Taylor）和弗里曼·戴森（Freeman Dyson）提出了完善的设计，提出了著名的猎户座计划。泰勒的设计解决了核弹能量向推进力转化的问题——当飞船需要加速时，它就释放一颗原子弹，同时也释放出一个塑胶的固体圆盘。核弹产生的热量会迅速地蒸发塑胶圆盘，使其转化为高速运动的等离子气体，这些粒子在扩散时会被导向飞船尾部的推进盘。等离子气体和推进盘的碰撞会提供飞船加速所需的推力。

这种飞船不适合运送小型飞船飞往地球轨道，因为小飞船会因原子弹爆炸迅速加速，巨大的加速度可能会将人压成肉饼。因此，飞船必须被建造得非常巨大，而这对于火星探索甚至更远的星际飞行恰好合适，可以运送长途星际旅行所需要的巨大生活舱和各种生命保障系统。只要带上1000颗核弹，人们就可以将一艘4000吨的飞船送到火星。核弹提供的推力非常强劲，人们甚至可以不选择霍曼转移轨道。1959年，猎户座计划用普通炸弹实现了一个缩小版的模型，但1963年的部分禁止核试验条约终结了这个计划。

当然，核能供应能量的飞船也可以不这么暴力。如果能够控制核反应发生的速率，人们也可以制造加速度可控的飞船。美国宇航局事实上在20世纪60年代实验过由核裂变反应堆作为能源的火箭发动机，项目代号NERVA。在这种设计中，核反应产生的热量被用来加热作为工质的液态氢到2000摄氏度，并使其从飞船尾部喷射出去。这一项目进展很顺利，但是在20世纪70年代初由于预算问题被取消。NERVA的设计本质上还是传统火箭，只是利用核能加热了用来推进的工质。理论上，人们可以用可控核聚变作为飞船的推进能源，并用聚变产生的废气（氢、氘和氦的混合气体）来推进。

相比重核裂变，比较轻的原子核聚变有更高的能量释放效率。当两个氘（氢的同位素）原子聚变成为一个氦原子时，这两个氘原子静止质量的6/1000会转化成能量。如果这些能量都用于加速氦原子，并使其从飞船尾部喷出，那么这个氦原子的速度就可能达到光速的1/10。也就是说，如果飞船携带燃料的质量占到飞船质量的一半，在最理想的情况下，飞船可以被加速到1/10光速。在实际情况下，能量的转换不可避免会有各种损耗，但将飞船加速到光速的1/10仍然在理论上是可行的。

目前人类掌握的核聚变技术还比较粗糙，主要的成功经验在于制造氢弹，这是一种比原子弹更具有威力的核武器。至于可控核聚变，虽然各国都已投资重金希望能够造出可用的可控核聚变核电站，但直到今天还没有成功。

所有这些核能飞船计划都仍然处于半科幻阶段。戴森预期，在22世纪末期，人类也许可以将“氢弹飞船”这项技术利用于太空飞船上。但这需要人类在材料科学上取得巨大的进展，能够制造出足以承受氢弹爆炸，并能过滤高能粒子辐射保护航天员的太空船。对于核能飞船的另一点担忧是，它们携带的能量如此巨大，可能对地球造成实际的威胁。想象一下，轨道上停泊着一艘或更多的“氢弹飞船”，每艘飞船上的“燃料”都足以将地球带到末日，人们真的能安心吗？

光帆和摄星计划

另一个更加有趣也更加奇幻的设想是光帆。这个方法由物理学家罗伯特·福沃德（Robert Forward）在1962年提出。在这个方法中，飞船并不自己携带燃料，而是携带一张巨大的光帆。坐落在月球基地的激光阵列，负责发出高能激光，聚焦在光帆上。理论上，利用这项技术，飞船可以在80年内到达比邻星，最高速度可以达到光速的1/5。然而，这个大开脑洞的技术，对工程建设的要求也是天马行空的。福沃德想象，在太空飞船出发的时候，它会带上一张100公里直径的大帆，而月球上的激光阵列每秒能耗将达到2014年美国全年用电量的两倍，这些光需要通过一个1000公里直径的菲涅尔透镜聚焦到光帆上。福沃德认为这项技术可能在22世纪末实现。

在月球基地上建立巨大的激光阵列的经济负担远远超出了人类目前的能力，但一个小型的光帆探测器却可能是太阳系外探索的首选。2016年4月，俄罗斯亿万富翁尤里·米尔纳（Yuri Milner）联合斯蒂芬·威廉·霍金（Stephen William Hawking）等科学家发起了“摄星计划”，希望发射一艘可以探索距离太阳最近的恒星——比邻星——的飞船。

这艘飞船就计划采用光帆推进。但和原始版的光帆飞船不同，“摄星计划”将发射的飞船非常小，只有几克大，和手表的表面尺寸差不多，非常轻薄。借助纳米科技，飞船虽小，却包含了一个星际探测器所有最重要的原件，包括相机、处理器、电池等部分。飞船将携带一张直径4米左右的光帆。地球上的激光阵列将直接聚焦在光帆上，在短短几分钟内将飞船加速到光速的1/5。光帆在设计中的重量也只有几克，厚度可能只有几百个原子的直径。在这个计划中，地面的激光阵列计划占地1平方公里左右，每次发射预期需要储存数百万度的电能。这个数字并不巨大，只相当于大亚湾核电站1小时的发电量。这一计划的难点在于如何将激光聚焦在一个个小小的光帆上。

“摄星计划”设想数千艘微型星际飞船先被火箭运载到地球轨道上，之后再通过地面的激光阵列将其发往比邻星。这些飞船的速度非常快，但因为自己携带的电池电量有限，所以肯定无法进入比邻星的轨道，只能从其附近飞过。飞船上搭载的高速相机将在飞过时及时获取比邻星及其行星的照片。之后飞船将进入传输模式，将照片发回地球。飞船传输照片将依靠自身携带的能源，这要求它集成一块小小的放射性元素电池。当飞船传回照片时，飞船的光帆将充当发射天线，而地球上的激光发射阵列将充当接收天线的角色，用来收取4光年外发回的图像。

“摄星计划”的设计远未成形，很多方案仅仅是在理念上存在。1平方公里激光阵列和纳米飞船制造能力距离项目要求仍然很远。尤其是1平方公里激光阵列的造价非常惊人，但摄星飞船并未计划在近期发射。“摄星计划”的发起人期望在未来50年中，纳米技术、电池技术、激光技术都能够按照摩尔定律

图10.1 光帆探测器概念图。By Kevin Gill from Nashua, NH, United States

发展，即产品性能每隔一定时间就成倍提升，而价格维持不变。如果摩尔定律一直奏效，“摄星计划”发起人估计到“摄星计划”真正开启时，项目的造价将会相当于今天的百亿美元，这和目前最昂贵的大型科研设施，比如大型强子加速器相类似。

“摄星计划”的发起说明人们对于未来的技术发展无疑是非常乐观的，但需要指出的是，即使是一个不完整版的“摄星计划”也会大大改变行星探测的现状。光速的1/5意味着纳米飞船只需要1个小时就可以飞到火星，在1年之内飞船就可以完成“新视野号”9年的航程到达冥王星。人们甚至可以把飞船造得稍大一点，这样它仍然可以在可接受的短时间内访问太阳系内的其他天体。同时，“摄星计划”所使用的激光阵列也将是人类最好的光学望远镜，如果可以建成，它的分辨能力将超过下一代大型光学红外望远镜，在搜索地外行星时发挥巨大威力。

反物质飞船

“摄星计划”的发起人米尔纳和执行主席皮特·沃登（Pete Worden）在不久前访问中国国家天文台，他们希望和中国的500米射电望远镜（Five hundred meter telescope，FAST）签订协议，共同利用500米射电望远镜的数据寻找外星生命。在报告会后，我曾问沃登是否考虑过发射一个更大的飞船到外星球去。如果不是几克，而是500克，这样的飞船将可以携带更多、更有趣的探测仪器，也会更加智能化。我得到的答案是，依赖目前的物理理论，想要将一个500克的小型的飞行器以光速的1/5发往外太空，最有可能的途径是利用反物质作为动力来源。

第一个反物质粒子是1932年由美国物理学家卡尔·大卫·安德森（Carl David Anderson）发现的正电子。安德森在研究宇宙线高能粒子时发现，当宇宙线和实验靶标作用后，可以产生一种看起来很像电子，但是携带正电的粒子。他把这种粒子称作“正电子”。随后，人们又发现了反质子，这是一种和质子性质完全相同，却携带负电荷的粒子。人们把这些粒子统称为“反物质粒子”，它们的质量、自旋等性质和构成我们日常世界的粒子相同，只是携带的电核符号相反。

反物质确实是理论上最有效的燃料。因为，当反粒子和正粒子碰撞，就会相互毁灭，转化为高能光子，这一过程被称作湮灭。湮灭会使得百分之百的正反物质质量都转化为能量，这比核聚变的效率还要高100倍以上。反物质发动机的前景也非常诱人。只需要携带几克的反物质燃料，原则上就可以把一个1000克的机器人探测器加速到光速的1/10。

在宇宙诞生之初，正反物质原则上应该成对出现，并随后完全转化为光子。但是如果正反物质粒子数目完全相同，我们生活的世界就无法诞生。我们的世界存在意味着宇宙诞生时正反物质不完全是成对产生的。那么是否在宇宙某处存在一个完全由反物质构成的世界？从经验上看，地球附近是不可能有大量反物质存在的，因为地球的大气层可以伸延得很高，如果在地面附近有大量的反物质，我们将会看到非常强烈的湮灭和能量释放事件。同样，太阳一定也是由正物质构成的，因为太阳粒子——太阳风无时无刻不在吹打着地球表面，而并没有发生湮灭现象。事实上，太阳风笼罩了整个太阳系，所以我们可以肯定地说，太阳系里所有的天体都是由正物质构成的。而太阳系外，恒星之间也同样充斥着星际介质，如果银河系有部分的恒星是由反物质构成的，那么我们应该在这个恒星和其他恒星之间看到剧烈的能量释放现象。这样的原则我们可以一直推广出去。但是在遥远宇宙中的某处，是否可能有一个小小的反物质世界，在那个世界的边界发生的湮灭现象由于距离我们太远而显得太微弱？

1996年，美籍华裔物理学家丁肇中先生将一个巨大的永磁体发射到了太空，这个永磁体被称作alpha磁谱仪。当带电粒子进入磁谱仪后，就可以测量它们的质量和电量。这可以帮助研究者区分普通物质粒子和反物质粒子。研究者预期会发现正电子，这并不奇怪，正电子的静止质量很小，容易在高能宇宙线中形成。但如果研究者能够在alpha磁谱仪中发现一个反氦核，那将是决定性的证据，预示着宇宙远处存在着一个完全由反物质构成的世界。但至今为止，alpha磁谱仪还没有这样的发现。

在地球上，高能物理学家已经掌握了制造少量反质子、正电子的技术。在大型加速器里将一束质子加速到极高能，再将其导向铜质的靶标。这样的质子的运动能量非常高，几十倍于它自己的静止质量，在和靶标的碰撞中，质子的动能就可能转化为新的粒子。这些粒子的种类很复杂，包括π介子、K介子、质子，但也会产生少量的反质子。欧洲核子中心（CERN）早在20世纪80年代就可以用这样的方式制造大量的反质子。反质子在产生后速度的大小和方向都不相同，如果想要将这些反质子收集起来，就需要想办法将它们冷却到同样的速度，并且将它们导向储存器。一个简单的储存反质子的方法是将它们导入一个磁场中，这样它们可以在磁场中回旋运动。但这样的过程中要想收集宏观数量的质子是非常困难的。1987年，美国公布的反物质推进器调查报告里称，当时能够收集到的反质子数有几万亿（10^{12}）。1克的反质子中大约包含6×10^{23}个反质子。所以目前人类制造反质子的能力只有这几个皮克[1]，也就是1克的一万亿分之一。这些反质子能够产生的能量只有300焦耳左右。

反质子是带电粒子，可以用一个磁场加以约束。欧洲核子中心用来积累反物质的约束器体积非常巨大，其中的反物质密度极其稀薄，如果想要将反物质用于发动机，就必须将其冷却到固体物态达到普通物质密度，才能更有效地储

1. 皮克：质量单位，为万亿分之一克。

存，而安全储存也是反物质推进器最大的困难之一。19世纪的炸药专家可能认为硝酸甘油是最危险的爆炸物，只需要在石头上涂上几滴，用锤子一敲就可以爆炸。但这种危险性相比反物质来说就小巫见大巫了，反物质必须悬浮储存在真空容器中，完全隔绝和普通物质的接触，一般认为可以通过磁场或者电场的约束来实现。这种储存方法在少量的普通物质上已经得到测试，但安全性还需要认真地考察。

其他的可能

相比提升星际飞船的速度，减缓乘客的肉身衰老，延长乘客的生命也同样重要。如果未来的飞船能够实现恒星际旅行，大多数时候飞船只是在虚空中航行，因为恒星与恒星之间的距离要比恒星系的尺度大得多。在大多数的旅程中，驾驶员实际上并没有重要的事情可以做，只需要自动驾驶系统工作就可以。在各类科幻电影（比如《星际穿越》）中出场的低温休眠箱就是为了帮助人类延长在太空中生存的时间。宇航员在这种情况下进入休眠，可以减少心理和生理的消耗。

地球上很多的动物尤其是冷血动物会选择冬眠来度过寒冷的冬季。冬眠时动物进入一种“假死”状态，将身体的新陈代谢降到极低，心跳和呼吸变得很慢，对外界的刺激几乎不做出反应，直到温度适宜的春天到来时才从休眠中再次醒来。但地球动物的冬眠很少长过数月，它们在冬眠中仍然会消耗脂肪，如果它们没有在秋天到来时储存足够的脂肪，便很有可能会在冬季死亡。

星际航行的距离动辄以光年记，要想进入数年的休眠，可能需要进入极低温状态，完全冻结新陈代谢。人类现在已经可以对单个细胞和单细胞生物进行低温冻结和解冻。例如，现在广为实施的试管婴儿技术需要人工在体外将女性的卵子和男性的精子结合成胚胎。这个过程并非立即进行的，因此需要低温保存卵子或者精子。这里所说的低温要远远低于动物冬眠的温度，一般是用液氮进行冷冻，温度低至零下196摄氏度。在这样的温度下，原则上卵子可以进行达数年甚至数十年的长时间保存，直到需要的时候再进行解冻。

但冷冻单个细胞的关键点之一是迅速均匀冷冻，否则水在冷冻过程中会生成尖锐的冰晶刺破细胞的结构。一旦细胞结构被破坏，解冻之后就再也无法复原了。冷冻大型的动物远远比冷冻一个细胞复杂，很难做到迅速均匀地冷冻。

需要指出的是，即使我们造出了反物质飞船，星际旅行仍然是一个非常艰巨的任务。宇宙广阔而人类肉身易朽，即使利用反物质作为飞船的能源，人类仍然无法超越光速的限制。这意味着如果我们要飞往距离太阳最近的比邻星，不可能短于4.2年的时间。

这可能意味着未来进行恒星际旅行的飞船的角色永远不会像是载人的客机，而更像是17世纪从欧洲开往新大陆的移民船。飞船的乘客不但要去发现一个新的世界，可能还需要开辟这个世界，改造这个世界，并扎根下来。

如果我们考虑的只是人类殖民计划，那么也许星际飞船上完全不需要人类驾驶员的存在。人工智能技术在近些年来迅速发展，也许在未来，完全由人工智能驾驶的飞船可以只运送冷冻的人类胚胎。当飞船到达一个新的星球时，机器人将会自行判断星球是否适宜人类生存，并在条件合适的星球启动人类胚胎的发育，开始新世界的殖民。

有趣的是，如果未来的飞船技术可以使得航行速度非常接近光速，但根据相对论原理，人类在飞船上的时间流逝将会变得非常慢。这样，冷冻休眠就显得没有必要了。在地球上的人类看来，这样的飞船经过了千万年才飞到银河系中心，但对飞船上的宇航员来说，也许只过去了区区数天。在接近光速的极端情况下，宇航员甚至可以在自己的有生之年飞出银河系探索更广阔的宇宙，旅行到空间和时间的尽头。但当他们停下的时候，地球上的人类却可能早已灭绝了。

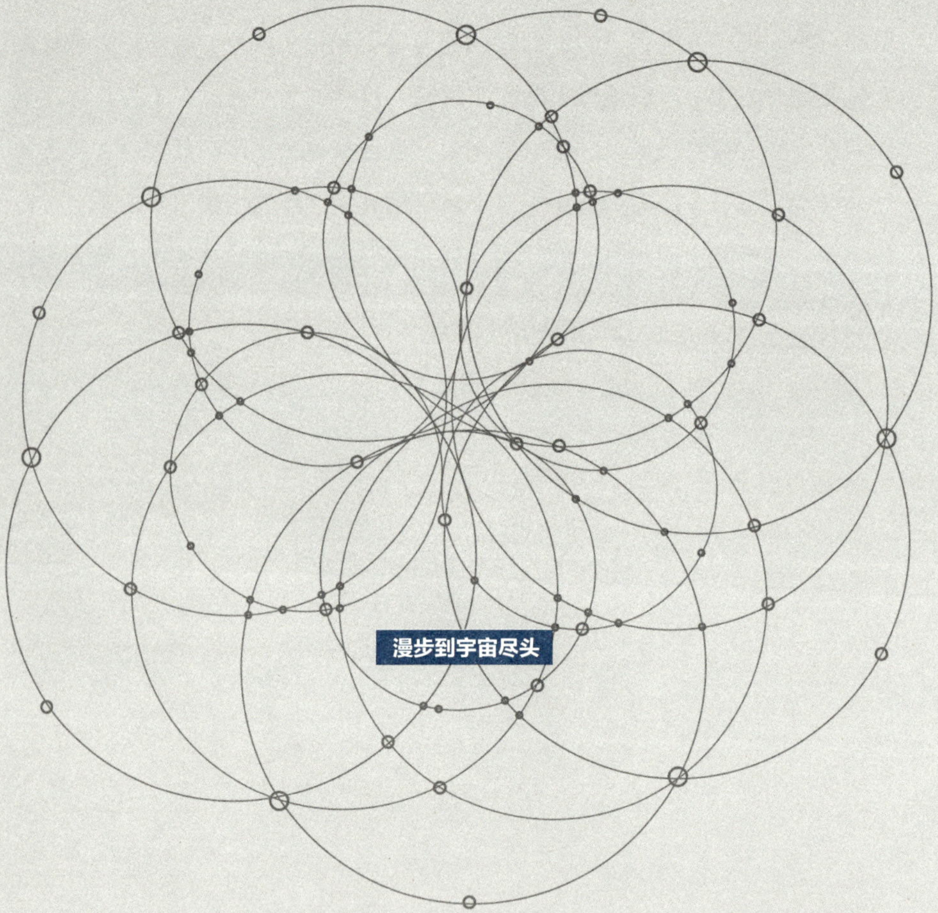

漫步到宇宙尽头

第十一站
太阳系以外的世界

R o a m i n g   T h e   U n i v e r s e

1781年以前，人类知道的大行星数目是5。1920年，这个数字艰难地增加到了8。但到了2016年11月，人类已经发现的行星数目增加到了3414，而且还在急速地增长中。

新增加的行星来自太阳系外。寻找到这些行星绝非易事。我们可以考虑一下太阳系的情况。地球的直径只有太阳的百分之一，体积是太阳的万分之一。我们还记得“旅行者号”在飞出太阳系之前，曾经回眸对地球做过一个自拍。在照片里，地球是一个非常暗淡的蓝点，湮灭在太阳的光芒中，如果没有人特别提示，观察者几乎辨认不出。“旅行者号”当时距离太阳还远远不到1光年，而距离太阳最近的比邻星就在4光年以外，更不用说其他恒星了。不夸张地比喻，寻找其他恒星周围的“地球”，就好像在大海中航行的水手试图观察遥远的灯塔的光辉下的一只飞虫那么困难。

视向速度法

20世纪末，天文学家终于在太阳以外的恒星周围发现了第一批行星。1995年发现的飞马座51b是第一颗这样的行星，发现者是日内瓦大学的Michel Mayor（米歇尔·梅尔）和Didier Queloz（迪迪尔·奎洛兹）。旧金山州立大学的学者杰弗里·马西（Geoffrey Marcy）和他的研究伙伴，来自伯克利大学的保罗·巴勒特（R.Paul Butler）紧随其后，发现了第二颗和第三颗行星。这些发现意味着天文学家终于有了可靠的方法去搜索太阳系外的行星。这个方法被称作“视向速度法”。

我们在之前讨论哈勃定律时曾经提到，如果光源相对观测者移动，观测者就会看到光线的频率发生变化，这被称作多普勒频移。当一颗恒星向观测者运动的时候，观测者会看到恒星变得蓝一些，当它远离观测者的时候，恒星会稍稍地变红。如果一颗恒星和一颗行星组成一个双星系统，它们都会绕着共同的质量中心运动。换句话说，行星会造成主星的速度波动，这种速度波动会产生可以观测的多普勒频移现象。地球上的观测者一般是看不见暗淡的行星的，但却可以看到恒星的颜色发生周期性的微小变化，从而确定行星的存在。通过视向速度方法，观测者还可以估计行星的质量。行星的质量越大，恒星的多普勒频移就越明显（图11.1）。

最早发现的几颗太阳系外行星都可以造成比较明显的多普勒频移现象。例如，飞马座51b可以造成它的主星产生一个50m/s的速度波动，这比木星对太阳的影响大得多。这是因为它距离主星非常近，只有日地距离的1/20。由于距离主星非常近，飞马座51b的表面温度可能达到1000摄氏度以上。相比比较寒冷的木星，行星学家们称这些靠近主星的大个子为热木星。热木星的存在绝非个例，今天发现的太阳系外行星列表中，大约有1/3的行星都可以被归类为热木星。虽然这样高的比例和它们容易被观测有关，但也说明热木星确实是在行星系统中广泛存在的。

从观测的角度看，热木星是最容易发现的太阳系外行星。它们的质量较大，可以引起主星比较明显的速度变化。而它们和主星的距离又比较小，造成的多普勒频移的变化周期很短。飞马座51b的轨道周期只有4天左右，观测者很容易就可以确定主星的速度波动是周期性的规则变化。如果有一颗地外行星的位置和海王星在太阳系的位置类似，它的公转周期会长达100年左右，意味着研究者必须持续跟踪这颗行星100年才能绘制一个完整的多普勒频移周期表。

行星形成的理论学家们对热木星的存在颇感惊奇，因为它们在太阳系里完全没有对应体。在太阳系里，巨行星都分布在5倍日地距离之外。太阳系形成的凝聚理论要求气体巨星形成的地方离太阳远一点。那里温度比较低，可以存在丰富的冰粒。形成在这个区域的原行星可以迅速地吸引这些原材料快速长大，进而拥有强大的引力场，足以捕获大量气态物质，形成木星和土星这样的巨大星球。

理论上的解决方案是允许气体巨星在太阳系内迁移。“允许”这个词用在这里其实并不恰当。从动力学角度看，巨行星的迁移是很自然的。在太阳系形成的过程中，巨行星可以和恒星气体盘相互作用，从而降低公转速度，向太阳系内迁移，这种迁移的速度非常快。

除了气体盘可以使巨行星向内迁移外，多个巨行星之间的引力相互作用也可能造成其中一个的轨道被迅速改变，从而飞向内太阳系，成为热木星。在重元素含量较高的恒星系里，早期可能会有多个原恒星核迅速地长大，形成巨大的气体行星。天文学家已经发现一些迹象，显示在富含重元素的恒星系里，气态巨星的轨道会显得更扁，这很可能就是多个巨星相互作用之后的结果。

热木星对于理解太阳系的形成非常重要，巨星的向内迁移对类地行星的形成可能是把双刃剑，一方面它可能会摧毁迁移路线上其他正在形成的行星的轨道，将它们甩向远处，另一方面它也可能会将外太阳系富含水的行星原料带入恒星系内部，从而使得类地行星形成得更快，也更加富含水分。

自1995年以来，视向速度法的测量精度得到了长足的提高。欧洲南方天文台的HARPS光谱仪，是目前世界上最高精度的地外行星猎手，能够以1m/s精度研究恒星速度变化。2016年8月，由英国玛丽女王学院（Queen Mary University）的天文学家古勒姆·安格拉达·伊斯库德（Guillem Anglada Escude）领导的研究小组甚至用这台仪器发现了距离太阳最近的恒星比邻星的行星。

看过科幻小说《三体》的读者一定对比邻星很熟悉，因为那就是小说中三体星球的原型。和小说中一样，比邻星属于一个三体系统。它和alpha Centauri A、B（半人马座α星A、B）这对双星系统构成三合星。在这个三体系统里，

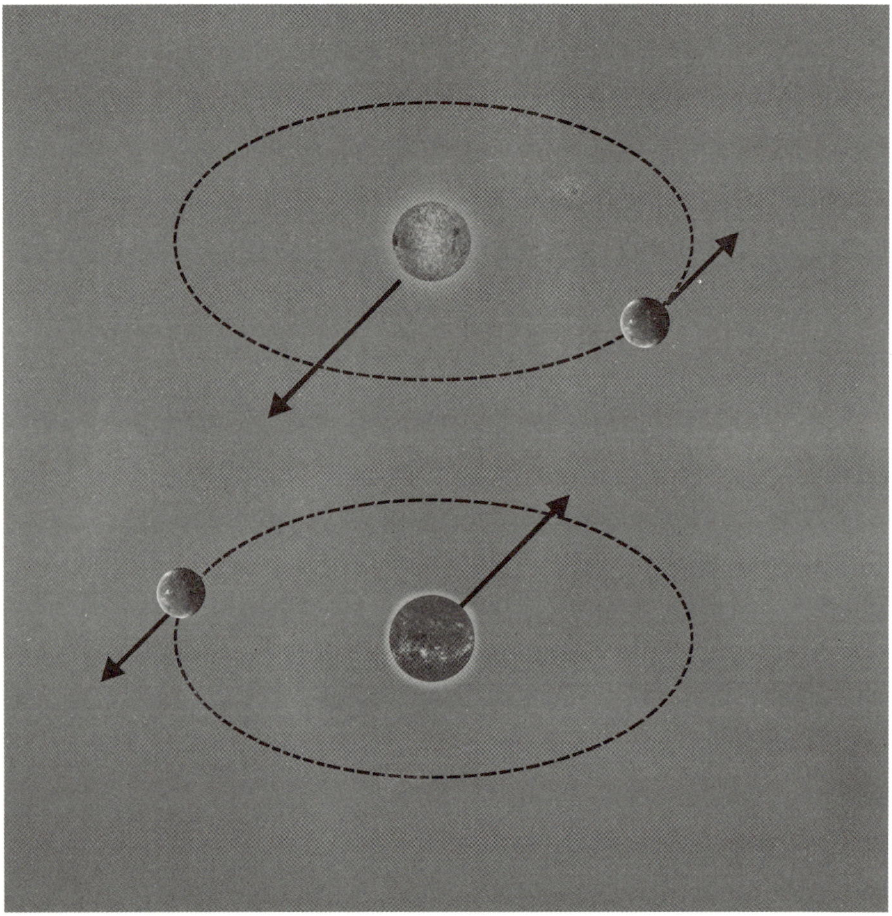

图11.1 视向速度方法。行星和恒星相互绕转。当行星沿轨道远离观测者，恒星就会朝向观测者运动，光谱向蓝端（短波长）移动。反之，恒星光谱向红端（长波长）移动

A和B很亮，靠得很近，而比邻星非常暗，是一颗红矮星，距离A和B很远，差不多有15,000倍日地距离，可能要50万年才能绕A、B转一周。由于比邻星距离另外两颗恒星很远，从它的角度看自己感受到的引力实际上和在一个两体系统中很类似。和小说里的三体系统不同，这样的系统在相当长的时间里是稳定的，有利于行星的存在。

在太阳系中，地球是唯一存在液态水的行星，这和地球所在的位置有关，如果更靠近太阳一点，温度太高会使得水蒸发，如果离太阳太远，水又会结冰。研究者一般把温度适宜液态水存在的区域称作宜居带。宜居带的区域和主星的温度有关，比邻星是一颗红矮星，表面温度较低，所以它的宜居带也非常靠近恒星系内部。伊斯库德等人发现的这颗行星，公转周期11.2天，恰好就处在比邻星的宜居带中。

需要指出的是，处于宜居带中并不意味着行星上一定会存在生命，甚至也不意味着行星上一定会存在水。如果一颗行星没有足够强大的磁场，那么恒星的太阳风会逐渐剥离行星中的水（气态和液态）。此外，比邻星的行星靠主星非常近，而比邻星又是一颗活跃的恒星。研究者预期行星受到的X射线和紫外线的照射远远超过地球，这对生命存在并不是一个好消息。

但无论如何，这是距离地球最近的太阳系外行星，也毫无疑问是人类探索太阳系外世界最重要的一个落脚点。目前，“摄星计划”（第十站）已经将比邻星的行星作为了首选的探测目标，也许在我们有生之年就可以看到人类发射的探测器到达这个星球。

凌星方法
和开普勒卫星

另一个广泛应用的地外行星搜寻办法被称作“凌星法”。让我们回到飞虫和灯塔的比喻。飞虫飞过灯塔，会极其轻微地遮挡灯塔的光线，远处的观察者如果能够记录这种轻微的亮度变化，就有可能探知飞虫的存在。这种探测方法的关键是对恒星的亮度的精确测量。如果一颗恒星存在一个木星大小的行星，这颗行星划过恒星会使得星光变暗大约百分之一，如果要探测到地球大小的行星，光度的测量精度就必须提高1000倍左右，能够测量出十万分之一的亮度变化。

凌星法最初由一位神经外科医生弗兰克·罗森布拉特（Frank Rosenblatt）提出。大多数早期的研究者觉得这有点似天方夜谭，没有认真地对待这种想法。1999年，哈佛大学的一个研究生蒂莫西·布朗（Timothy Brown），真的看到一个凌星事件。这个系统此前已经被用视向速度方法探测到，编号为HD 209458b。令人惊奇的是，这次观测使用的只是一个爱好者级别的望远镜，而观测地点竟然是一个停车场。

真正使得凌星探测方法发扬光大的是美国宇航局的天文学家比尔·博鲁茨基（Bill Borucki）。从1984年开始，他不断努力试图将这种方法应用到大规模的行星搜索上去。博鲁茨基意识到，人们必须发射一台望远镜到太空中去，因为地球上的大气抖动对星光的影响巨大，人们也许可以在地面上通过凌星方法找到一些比较大的行星。但要想寻找到第二颗像地球这样的行星，让望远镜进入太空是唯一的选择。

博鲁茨基早期的申请反复地被美国宇航局否定，人们质疑他是否真的能够造出测量精度足够高的仪器，也质疑他是否有办法同时监测数千颗恒星。博鲁茨基不得不在地面上验证自己的能力。他带领的团队借用了Lick天文台一处老旧的小圆顶，赶走了地板下的老鼠和蛇，重建了这个天文台，并且用数据证明了即使用这个地面的小望远镜，他们也可以同时对6000颗恒星进行光度测量。

为了验证探测器的精度，他们还做了一个壁橱大小的光源，“壁橱”内部放置了灯，“壁橱”上打上小孔让光透出来，模拟夜空中的恒星。博鲁茨基等人用极细的电线横在“恒星”前面。当电线通电后，就会因为发热而稍微膨胀一点点，这恰好可以造成“恒星”十万分之八的亮度变化。博鲁茨基的探测器成功地探测到了这个变化。

2001年，博鲁茨基的卫星计划终于获得NASA批准，但直到8年以后，这颗卫星才真正被发射上天。它有一个响亮的名字叫作Kepler（开普勒）。Kepler卫星发射后指向天鹅座方向。它不停地对这个区域的17万颗恒星拍照，每6秒钟一张，每30分钟计算一次这些恒星的平均亮度。当这些数据被传回地球，研究人员就可以绘制恒星的亮度变化曲线。有些变化来自恒星自身的原因，比如造父变星会因为本身体积的周期性脉动而发生亮度的周期变化，有的恒星会出现短暂的耀斑爆发。与这些恒星不一样，发生凌星的恒星会出现周期性的微小的变暗。研究者需要识别出行星凌星产生的独特亮度变化模式，这些恒星会被放入一个候选者星表供地面更大的望远镜跟踪验证。

Kepler卫星大约发现了4000多颗可能存在行星系统的恒星，到2016年5月，其中有1200百多颗行星已经得到了其他观测的确认。这些行星完全革新了我们对于地外行星的认识。在Kepler卫星之前，人们找到的地外行星大多数和木星质量相当甚至更大。Kepler发现了大量的小质量行星。地球大小的行星的数目因Kepler增长了5倍，证明了地球在银河系里并不是稀缺天体。按照开普勒卫星的发现，所有被监测的恒星中大约10%具有一颗行星，具有行星的恒星的系统中，有1/3包含两颗或者两颗以上的行星。

凌星观测中主星的亮度下降反映了行星的大小，如果同一个恒星系统也能够观测到多普勒效应，那么我们就同时得到了行星的质量。凌星方法和视向速度方法结合在一起，可以联合推定一个极为有意义的行星性质——密度。行星的密度可以告诉我们，它的组成究竟是像木星一样的气体行星，还是像地球一样由岩石构成，抑或像海王星一样是冰的世界。

有意思的是，观测凌星的过程中，研究者还可以分析这些地外行星的大气的成分。如果一颗地外行星的大气中有水分，当它移动到恒星前方的时候，它大气中的水分就可以吸收恒星在特定波段发出的光。通过分析恒星的光谱在凌星前后的变化，研究者就可以推断是否有水汽存在于行星大气中。

值得指出的是，太阳系外的行星，也许更多地栖息在更小质量的恒星周围。这些小恒星周围往往更容易发现地球大小的行星。同样大小的行星，如果对较小的恒星造成凌星，观测者看到的恒星明暗变化的相对程度就会更大一些。而银河系中大多数的恒星实际上要比太阳的质量更小，我们因此预期很多地球的兄弟事实上围绕着比较冷的主星转动。

2015年，人们在一颗超冷矮星周围发现了行星系统。超冷矮星表面温度低于2700开尔文。这个分类里包含极低质量的恒星和褐矮星。这些天体的质量太小，自身的引力不足以引发核心处的氢元素核聚变。它们永远无法走上一颗正常恒星的演化之路。但超冷矮星并不是行星，它们仍然比一般行星发出更多的光和热，使得在它周围的一小块区域温度适宜。这个制造新闻的地外国度被称作Trappist-1[1]，距离我们的世界仅有区区40光年的距离。Trappist研究组研究的这颗超冷矮星只有太阳质量的8%，半径为太阳的12%。在这颗矮星周围发现了3颗地外行星，编号为Trappist-1b、1c和1d。这3颗行星距离主星的距离只有日地距离的1/10左右，但3颗行星都具有几乎和地球相同的质量。1b和1c的公转周期为1.5天和2.4天。第3颗行星距离主星略远，轨道周期可能在4天到75天之间。科学家们对这一发现感到很兴奋，因为这些地外行星离我们很近，在2018年JWST望远镜升入空间后，他们将可能第一次探测到一颗类似地球大小的行星上的大气的组成成分。

1.Trappist-1：全称 The TRAnsiting Planets and Planetesimals Small Telescope，即“搜寻地外行星凌星事件的小望远镜”。

微引力透镜

我们曾经在第五站里讨论过引力透镜效应：如果远处天体和观测者之间存在引力场，光线就会受到引力场的弯折。帕琴斯基和奥洛克等人曾经希望利用微引力透镜效应探测到流浪在银河系里的致密暗物质团块。虽然致密暗物质团块最终没有被发现，但微引力透镜方法却并没有被抛弃，而是继续在搜索黑暗天体的工作中发挥作用。

1991年，帕琴斯基和他的学生毛淑德一起发表了一篇关于微引力透镜方法的文章。他们指出微引力透镜实际上可以作为寻找地外行星的有效手段。如果有一颗恒星（透镜恒星），穿过观测者和远处的背景恒星之间的连线，观测者就会看到背景恒星的亮度出现一次跃升后又回落，这是由于处于光路中间的恒星产生了引力透镜效应，放大了背景恒星的图像。如果产生透镜效应的恒星携带着一个行星，那么观测者看到的亮度变化就会更复杂一些。研究者就可以通过微引力透镜中的亮度变化曲线来考察作为透镜的恒星是否真的具有一颗或者多颗的行星。

微引力透镜方法有一个特别的好处就是它可以探测距离恒星比较远的行星。对于凌星方法和多普勒方法，距离主星更近的行星造成更强的观测效应。无论是多普勒效应的周期变化，还是凌星造成的主星明暗变化，周期都很短。如果行星距离主星太远，观测者就需要长时间地追踪观测对象。但微引力透镜方法可以探测到距离主星比较远处的行星，从0.5倍的地球轨道到20倍的地球轨道，都是这种方法的探测范围。到目前为止，人们已经通过微引力透镜方法发现了大约30颗地外行星，其中距离主星最远的一颗，轨道半长轴达到18倍的日地距离，而质量只有地球的1/5。这样的行星是很难用其他方法探测到的。

但微引力透镜方法也有自己的问题，这种效应是一次性的。凌星效应和多普勒效应都会周期性地重现，而微引力透镜效应却只能被观测到一次。当作为透镜的恒星穿过了观测者和背景恒星之间的连线后，人们就很难再追踪它。

即使这样，微引力透镜效应对太阳系外行星的研究也是极为重要的。不同的观测方法会倾向于找到不同性质的行星。如果人们只依赖于同一种方法，就可能对行星系统的性质做出错误的判断。我们都知道凌星法和视向速度法会漏掉大量距离主星较远的小质量行星。微引力透镜方法就可以告诉我们这种遗漏的程度有多严重。

脉冲星和地外行星

我们前面已经回顾了主要的行星搜寻方法。但有趣的是，1992年第一次被发现的两颗系外行星，并不是被以上任何一种方法找到的。

这两颗行星的发现者是波兰天文学家亚历山大·沃尔兹森（Aleksander Wolszczan）。第一颗和第二颗太阳系外行星都是类地行星，围绕着同一个主星转动。然而无论是发现者还是其他天文学同行都不认为这会是两个存在生命的地外世界。因为这两个行星的主星根本不是正常的恒星，而是一颗脉冲星。脉冲星是恒星死亡后的遗迹。由于失去了中心的核聚变能量，脉冲星的自重会把自己的密度压缩得极高，很可能完全由中子构成。这样的中子星具有很强的磁场，并会从磁极区域发出高强度电磁波。由于它们的磁极往往不和自转轴重合（地球的磁极和自转轴也不重合），所以发出的射电波束也会绕着自转轴像灯塔的灯光一样扫射。如果地球正好在射电波束扫射的区域中，就会周期性地接收到强烈的电磁波。

沃尔兹森发现，一颗序号为PSR B1257+12的脉冲星似乎脉冲信号不太稳定，总是周期性地被扰动。经过进一步分析，他认为这种信号的扰动很可能是由于两颗行星造成的，行星和主星相互绕转，使得主星的位置不断地移动，造成了地球上的观测者接收到的电磁信号不稳定。

天文学家们一度困扰于这两颗行星的存在，因为其中较小的一颗，质量大约是月球的两倍，距离主星只有0.2倍的日地距离。要知道，大质量恒星在死亡后形成中子星之前，一定会经历超新星爆发的强力能量释放事件，理论上在0.2倍日地距离处的一切物体都应该被这种强烈的能量释放摧毁，灰飞烟灭。

为什么PSR B1257+12会拥有不止一颗行星？

也许恒星死亡后被抛射出去的物质，最终又有一部分落回了脉冲星附近，在旧世界被粉碎的地方形成了一个新的气体盘，而新的类地行星在其中诞生，犹如凤凰涅槃。

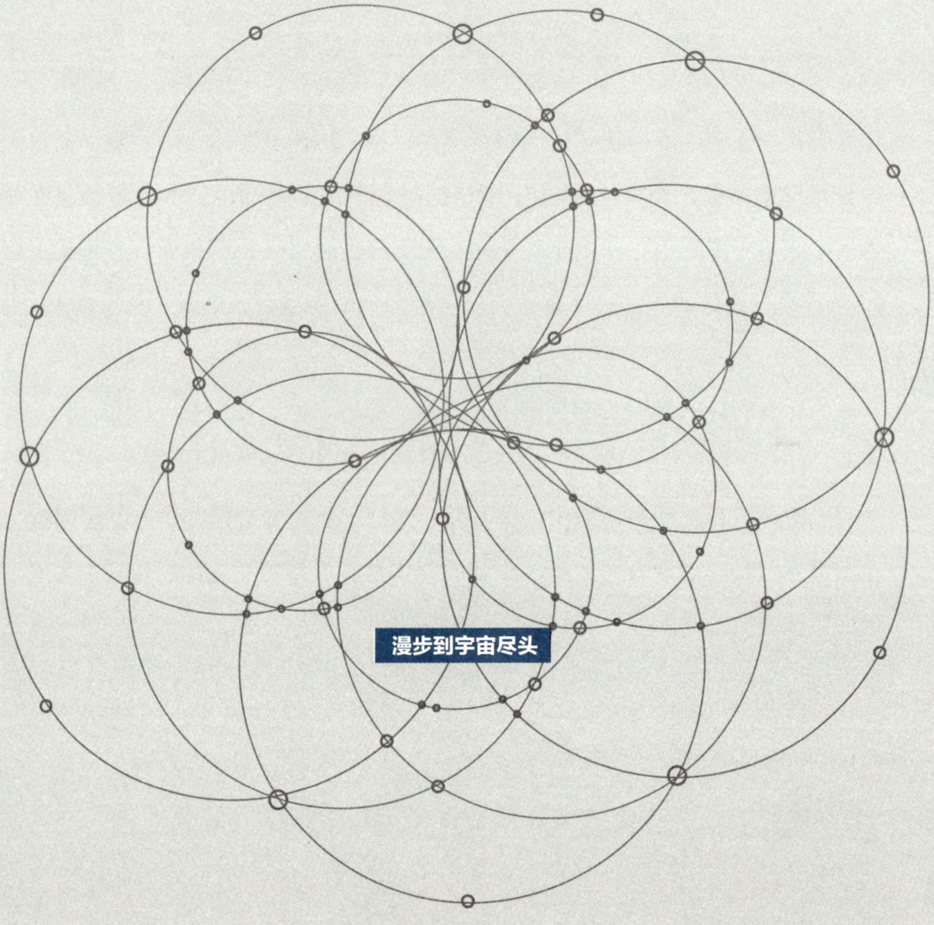

漫步到宇宙尽头

第十二站
探寻地球以外的生命

生命活动的痕迹

搜索太阳系外的行星世界本身对理解太阳系的演化和地球的形成具有极其重要的意义，解决这些理论问题吸引了数以千计的科学家。但无论对于公众还是科学家，搜索地外星球的终极目的始终还是为了寻找地球以外的生命存在。在过去的20年里，行星科学飞速发展，我们正在朝着这个伟大目标进发。人类已经找到了数千颗太阳系外行星，其中不乏存在于宜居带的星球。像Proxima b这样的世界更是近在咫尺，然而什么样的星球可能存在生命呢？

随便想一想，宇宙中似乎不应该缺少适于生命存在的地方。地球不过是太阳系疆域中微不足道的一员。而太阳也不过是银河系数千亿颗恒星中普通的一颗。如果银河系1/10的恒星中存在行星，又如果1/10的行星类似地球，那么星河中就有10亿个适宜移民的新家园。重要的问题是如何将这些地方找出来。

第一层的选择条件是液态水，这意味着行星需要存在于宜居带内。然而这只是最粗糙的筛查。水是地球上生物生存的基础，但并不是生命孕育的充分条件。人类曾经认为地球是太阳系唯一存在水的地方，现在我们知道，水在太阳系中广泛地分布，这些水以冰的形式存在于小行星和彗星中，存在于土星的光环里，存在于火星的极地和冻土中，更存在于天王星和海王星这样的冰巨星中。在木卫二的冰层下面，也许还存在着巨大的地下海洋。即便如此，我们还未在这些存在水的地方找到生命存在的迹象。

行星科学家希望能找到更加确定性的证据，例如生命活动产生的气体。这意味着仅仅测量到行星的引力效应是不够的，必须对行星的大气进行研究。开普勒卫星发现的行星系统将很适合这样的研究。这些行星都是通过凌星方法发现的。如果某一颗行星拥有大气，当它运行到恒星和观测者之间时，恒星的光就会穿过它两侧的大气层。行星大气层的存在会吸收星光中特定频率的能量，使得地球上的观测者看到星光光谱在这些特定波长变暗。大气的成分不同，星光被吸收的特征就会有差异。哈勃空间望远镜已经对此进行了一些初步的观测。寻找地外行星上的生命活动迹象是下一代大型望远镜的重要目标，目前正在筹建的30米大型光学望远镜将有能力观察到太阳系外星球大气中的氧气。

地球上植物的光合作用会产生氧气，而生物的呼吸过程会消耗氧气产生二氧化碳。当地球上的生物死亡，微生物会分解构成生命体的有机物，降解的最后步骤会生成最简单的有机物、甲烷。所以，如果一颗系外行星处于宜居带中，而大气中又恰好存在二氧化碳、甲烷和氧气，那么它就很有希望是一颗适于生命栖息的星球。然而仅仅发现这些气体还远不足以说明生命的存在。火星大气和金星大气中就都含有二氧化碳、水蒸气、氧气和氮气，金星甚至在100公里高空还具有一个很薄的臭氧层。

关键在于不同气体成分的比例，在金星和火星上，二氧化碳的比例都超过了90%，而氧气只是微乎其微。区别于这些星球，地球的氧气含量占到了大气成分的21%之多。这些氧气并非和地球一起形成。在远古时代，地球的大气层据推测应该仅仅含有少量的氧气。氧气在大气中骤然增加是在23亿年前。蓝藻的出现使得光合作用得以进行，二氧化碳被转化为碳水化合物，氧气被释放到大气中。氧气对于地球上的厌氧微生物是毁灭性的毒气，却是真核生物大发展的基石。如果我们在太阳系外的行星大气中发现了可观含量的氧气，那么这很可能预示着这颗星球经历了和地球一样的生物化学演化过程。

理解生命起源

我曾经就地外生命的探索在一些中小学校做过科学普及性质的报告，每次报告结束都会有热情的学生以近乎质问的口吻提问：“为什么生命一定要存在于宜居带，为什么我们一定要假设其他星球的生命和地球生命具有同样的形式？”

在进行地外生命搜索时遵循的逻辑是宁缺毋滥。执行深空探索的飞船只有有限的载荷，大型望远镜的使用时间也非常宝贵，往往面临其他领域天文研究者同样的需求竞争。这些限制使得研究者不可能对所有想象中存在可能性的生命形式设计搜寻仪器和实验。此外，除了地球上的生命形式，人类并不了解其他生命的可能性，这使得探测其他形式的生命非常困难。以地球生命作为模板，人们可以去寻找氧气、二氧化碳和甲烷同时存在的星球。如果要去搜索其他的生命形式，我们应该去寻找什么样的证据呢？如果不能够理解生命的活动方式，研究者就无法设计有效的实验。

但学生们的问题，并非没有意义。虽然我们还是去优先寻找那些温度适宜，富含水和氧气的世界，我们也确实知道在更加极端的条件下仍然有可能存在生命，在地球上就有很多这样的实例。

人们常把生活在极端条件下的生物称作嗜极生物。20世纪60年代，研究人员在美国黄石公园的热泉里发现了一种嗜热微生物——水生栖热菌。这些热泉的温度高达80摄氏度，普通的生物蛋白质会在这样的温度下变性而失去活性，水生栖热菌却优哉游哉。后续发现的耐热微生物不断打破纪录，这些微生物大多属于古菌。在大洋底部的火山口附近，由于海底的高压，这里的温度甚至超过100摄氏度。然而这些热泉并非死亡地狱，反而是一片海底的小小天堂，海底火山将富含矿物的地底物质扩散到邻近的海域，成为微生物生长的绿洲，这里还聚集了更大型的生物，包括鱼类、管蠕虫和章鱼。一种被称作庞贝虫的软体动物，长达10～15厘米，可以在热泉附近70摄氏度的水域中生活。然而这还比不上在热泉中心区域生活的古菌。2003年，研究人员从大西洋底的热泉中分离了一种球形古菌，甚至可以在130摄氏度的高温下生存。为什么这些微生物可以抵抗高温？人们发现它们的蛋白质结构相比普通生物更加稳定，可以耐受高温；它们还具有耐热的蛋白酶可以在高温条件下合成DNA。

在冰冻的世界里同样存在嗜极生物，地球上最寒冷的地方是南极，内陆地区的平均温度在零下40～50摄氏度，但南极科考人员在这里发现了种类丰富的微生物。奇异球菌这种强悍的生物可以在极地的永久冻土中存在，它还可以承受高强度的高能伽马射线的打击而不死亡。更有趣的是有的冻土中甚至还存在嗜热微生物，它们虽然终身生活在冰雪之中，但在50摄氏度的热水中活得更好。

同时适应高温、低温、强辐射的生物不只是单细胞的微生物。我自己最喜欢的一类强韧的生物是“水熊虫”。这些动物属于一个名叫“缓步动物”的分类。水熊的大小从几十微米到几毫米不等，在显微镜下看起来像是来自另一个世界的生物。它的体态鼓鼓的，看起来好像披着太空服，从外观上看就像是一副做好了适应各种极端条件的样子。事实也是如此，你可以把水熊虫放入沸水中烹调而它不会死亡。水熊虫的一个绝招是它可以进入一种被称作“隐生”的状态。在这种状态下，水熊虫的含水量只有3%。脱水状态的水熊虫可以在绝对零度、真空环境中保持存活。当水熊虫再次进入湿润环境时，它又可以从深眠中苏醒过来。有的爬行类动物可以通过冬眠度过一个寒冬，但水熊虫甚至可以沉睡10年再次苏醒（图12.1）。

嗜极生物展现了生命对环境强大的适应能力。我们从嗜极生物身上学到的东西一时还无法用到太阳系外生命的探索中，却能帮助我们重新审视太阳系内存在生命的可能性。行星学家可以依照这些微生物的特性设计更好的生命活动探测器，这也许会帮助我们未来在火星的冻土中发现生命的迹象。更加令人兴奋的是木星的第二颗卫星——欧罗巴。不少科学家相信在木卫二的地下海中同样存在火山活动。如果这是真的，木卫二将是太阳系内除了地球以外最适宜生命存在的地方。

如果我们在太阳系内任何一个星球发现了生命体，分析它的结构将成为生物学史上最重要的工作之一。这可能会回答生命的起源问题。如果我们在火星或欧罗巴上发现的微生物和地球上的微生物具有完全相同的细胞结构，那就意味着最初的生命可能起源于星际空间，经过一些机缘巧合（比如彗星碰撞）进入行星环境。

图12.1 水熊虫

研究复杂的生物分子和生命是如何从地球早期仅有简单分子的环境中演化而来的学科被称作“生命起源化学（prebiotic-chemistry）”。1953年的米勒-尤里实验是生命起源化学史上最标志性的事件。斯坦利·米勒（Stanley Miller）当时是芝加哥大学的一名研究生，他产生了一个天才的想法，在实验室里模拟地球早期的化学组成和环境，看看复杂的分子是否能够从简单的环境中自发地生成。米勒在导师哈罗德·尤里（Harold Urey）的帮助下制造了实验设备。这个设备非常简单，由一些连接在一起的烧瓶和玻璃管构成（图12.2）。米勒选择了4种简单的分子作为原料：水、甲烷、氨气和氢气。这些分子的结构都非常简单。它们是地球早期的大气的组成成分。米勒在其中一个烧瓶中加热水，水蒸气会顺着导管进入另一个玻璃球形容器并在那里和其他3种气体分子混合。米勒认为闪电很可能提供了起源化学反应中所需的能源。他在玻璃球形器中不断地制造电火花，模拟了地球大气中的闪电。令人惊奇的是，经过了短短的几个星期，米勒实验器中的液体就开始显得浑浊。米勒分析发现液体中生成了多种复杂的分子，其中包括在构成生命体中起到关键作用的氨基酸分子。米勒实验有很多种变形，根据原料的不同和环境模拟的差异，也会产生不同的产物。在有些实验中，氨基酸甚至聚集在一起形成了类蛋白质斑点，这有点像一滴油在水面上的样子。研究人员称这些斑点为“类蛋白质微球”，小分子可以通过微球的边界进入内部，在其中形成更加复杂的分子。而这些复杂分子却无法再次穿过微球的表面回到环境中。随着时间推演，微球会增大，还会分裂成更多小斑点。这种分裂还远远称不上是生命繁殖，因为这个过程中缺失了最重要的DNA参与的遗传过程，但这些实验证明无机分子和简单的有机分子完全可以在适宜的环境中组成生命体需要的复杂构件。

另一些版本的米勒实验将模拟环境改换成了太空。NASA的研究人员曾经选取了和米勒一样的原料：水、氨、氢气和甲烷，却将闪电替换成了紫外线照射。在实验中，这些原料以冰混合物的形式存在，正如很多彗星和小行星上的情景。而紫外线照射是为了模拟新生恒星周围的空间环境。在经过一段时间的照射后，冰混合物表面也形成了复杂有机分子构成液滴。研究者还没有在液滴中发现氨基酸或是蛋白质，但这样的实验至少证明了化学–生命演化的某些步骤也可以是在太空中实现的。

研究者在地球上的一些陨石中也发现了有机化合物。这其中最有名的是1969年落在澳大利亚默奇森的陨石。这个陨石被怀疑来自火星，也许是历史上的某次撞击使得它从火星的表面飞溅到了星际空间。默奇森陨石中包含了12种氨基酸，这些氨基酸和地球上的氨基酸很类似但不完全相同。这个陨石的发现表明星际物质可以从一颗行星传播到另一颗行星。如果在一颗行星上形成了生命，也许它也可以通过某些机遇播撒到其他地方。

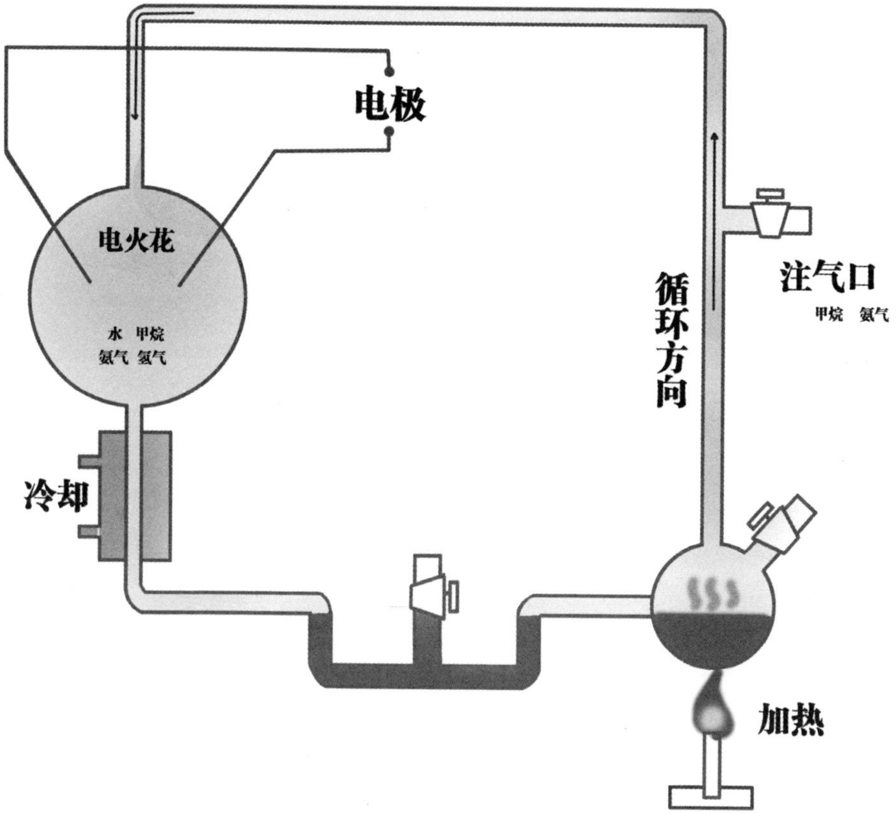

图12.2 米勒-尤里实验示意图。右侧的烧瓶中装满了水，在被加热后，水蒸气顺着玻璃导管进入左侧的玻璃容器，并在其中和甲烷、氨气、氢气混合。同时在这个玻璃容器中不断进行着电火花放电过程。蒸汽在冷凝后流入了整个装置的下侧。氨基酸和其他复杂分子在下部这个弯曲的部分富集

地外文明

相比地外生命的存在问题，一个更难回答的问题是太阳系外智能生命是否存在，或者说地外文明社会是否存在。

1964年，苏联天文学家尼克洛·卡达尔肖夫（Ni Kolai Kardashev）发表了一篇为高级文明评级的文章：一类文明，有能力控制自己所在行星的全部资源；二类文明，有能力利用整个恒星的能量；三类文明，能够控制这个星系的全部资源和能量。美国天文学家卡尔·萨根后来用公式将不同文明等级和其所消耗的能量联系起来。在这个公式里，1.0级文明所利用的能量差不多是太阳辐射到地球上的总能量。人类文明现在所能够利用的能量只是这个能量的千分之几。按照卡尔·萨根的公式计算，人类文明大概只有0.7级。要想达到1.0级，人类必须打通可控核聚变这条技术道路。然而所谓1.0级文明是不但能够制造这么多的能量，还必须能够妥善地应用。在利用能量的过程中，不可避免地会产生热。一个直接的难题是如何管理多余的热量。按照查尔斯·阿德勒在《巫师，外星人和星舰》（《*Wizards，Aliens，and Starships*》）一书中的估计，如果产生相当于1.0级文明的能量，其散发的热量会使地球升温80多摄氏度，这将使得地球成为一个不适宜生存的地方。一旦人类有了1.0级文明的能量，建造巨型星舰就不再存在能源上的困难。人类在那时的足迹将遍布太阳系。文明如果继续发展也许就会脱离行星，进入宇宙空间。

超过二类的文明即使在科幻电影中也非常少见。一个主要的原因是，以人类目前的文明等级甚至很难想象一个二类以上的文明如何利用能源。星球大战第七部《原力觉醒》中，反派势力第一军团（First Order）可以通过弑星者基地（Starkiller Base）在很短时间内吸取整颗恒星的能源。第一军团只需要数年时间就可以建成一个弑星者基地，我们可以认为第一军团勉强超过了第二类文明的标准，开始迈向第三类文明（虽然他们并不文明）。但遗憾的是，他们显然没有想出炸掉一颗星球以外的其他方法来运用得到的能量。如果第一军团中确实有真正的科学家，也许他们应该多思考一下如何去建立一个超级粒子加速来探索统一宇宙4种力的终极理论。以地球人的技术，这样的加速器尺度会超过太阳系上千倍。但对超过二类的文明来说，这样的加速器是非常值得建造的，这可能帮助他们最终理解宇宙终极的物理规律，使得他们有机会像《星际穿越》中的高维生命一样，进行穿越时空的旅行。

探测地外文明可能并不需要极其高级的技术。科技发达的高级地外文明，如果它们真的存在，应该会留下很重的痕迹。1960年弗里曼·戴森（就是那个想要用氢弹发动飞船的家伙）在《自然》（*Nature*）杂志上刊文，讨论了高等发达的地外文明。他认为这样的文明遇到的瓶颈有两个：能源的限制就是恒星的总功率，材料上的极限则是恒星系里的物质总量。在太阳系里，除太阳以外的主要质量集中在木星里，所以木星的总质量差不多就是可利用材料质量的极限。足够发达的地外文明最佳的利用能量方式是围绕恒星，尽可能地建立太空站。这些太空站可以完全吸收恒星发出的能量。戴森计算了建造这样庞大规模的太空站所需要的物质量，差不多和木星的总质量相等，这要求地外文明有办法拆解另一个行星，并利用其所有的物质。像这样被人造空间站密不透风包围的恒星，现在被称作“戴森球”。能够建造戴森球的文明实际上已经有能力利用整个恒星产生的能量，所以他们已经接近2.0级文明的水平。

如果戴森球存在，人类是有可能利用天文观测找到它们的。如果一颗恒星的光被完全吸收，这些能量也不可能完全消失，必然最终以某种形式散发出来。例如太阳能板吸收了太阳光能，转化为电能，如果我们用电饭锅做饭，电能就转化为了热能，传递给了米饭、水蒸气和锅本身。而最终这些热能又会通过和空气分子频繁的碰撞传递给大气。事实上，无论我们用收集来的电能驱动汽车还是让灯泡发光，最终这些能量都会经过一系列过程后转化为分子热运动的能量，最终通过热辐射散发到空间中，即使高级地外文明也无法违背这个过程。

和太阳质量差不多的恒星的主要能量集中在可见光波段，所以地球上的生物，视力几乎都是对可见光敏感。如果地外文明真的在太空中建造了充分吸收恒星能源的大规模空间站，从远处看这颗恒星会显示和普通恒星不一样的辐射特征。可见光波段的能量因为被充分地吸收了，所以会变得很暗。但这些能量并没有凭空消失，而是经过利用后转化为了热量，最终以红外波段的辐射能散发到空间中。所以这些天体应该在红外波段异常明亮。

那么，戴森球真的存在吗？2015年，在“行星猎手（Planet Hunter）”网站上，分析开普勒卫星数据的业余爱好者们发现了一颗亮度变化奇怪的恒星。这颗恒星在开普勒观测期间发生了两次显著的变暗现象。两次变暗之间相距730天，第一次恒星变暗了15%，第二次恒星变暗了22%。我们之前提到过木星这么大的行星掠过太阳表面大概只能造成1%的亮度变化。所以，这颗奇怪的恒星很快吸引了专业天文学家的注意力。耶鲁大学的贝特莎·波雅简（Tabetha Boyajian）教授分析了恒星亮度变化曲线，提出这可能是一颗巨大的彗星造成的凌星现象。但这个解释显得有点难以相信，毕竟恒星的亮度下降太大了，如果是彗星造成的遮掩，那么，这颗彗星可是史上无人见过的巨无霸。也可能是我们运气很好，看到了一大群恰好总是一起移动的彗星。

不久之后，美国宾夕法尼亚州立大学的杰森·怀特（Jason Wright）等人在天文物理学预印本上将Boyajian星奇怪的亮度变化和地外文明建造的大型建筑联系起来，恒星的变暗也许是巨大人工空间建筑物遮挡造成的，而这个巨大的建筑物还没有完全建成戴森球。这篇文章很快引起了舆论关注，但后续的观测并没有看到这个地外行星系统有红外波段的异常。

科学界怎么看Boyajian星？这颗星的后续观测还在进行，大多数科学家并不相信这是一个地外文明的标志，而更愿意相信也许是视线方向上某些其他天体掩盖了光线，但人们也还没有找到确定的证据说明这颗星不可能存在地外文明。

如何证明一个星球确实存在高级文明？无线电波将最终提供证据。电磁力是自然4种基本力中最容易控制的一种。天文观测显示电磁学定律在可见的宇宙范围内都以同样的方式运作。不论地外星球上的外星生物是否和地球生物一样，只要它们生活在行星上，由分子和原子构成，那么使用电磁波通信就是文明发展的必然阶段。按照地球上无线电波类比，地外文明发出的电磁波应该具有非常明显的特征，信号应该集中在非常狭窄的频段范围。因为这样可以节省通信的能源，也可以尽量在有限的频带内集成密集的信息。

20世纪60年代，乔伊斯林·贝尔（Joycelyn Bell）女士在射电波段发现了强劲的周期信号。媒体一度将其称之为外星“小绿人”的信号，但最终这个信号被证明来源于脉冲星。到70年代，NASA召集了包括德雷克在内的一批科学家研究了搜寻地外文明（SETI）的可行性。这次研究最终出台了一个名为“Cyclops”的计划，这个项目计划建造1500面天线搜索地外文明，预期耗资100亿美元。巨大的投入和不可预期的前景使得NASA最终将SETI相关计划几乎彻底从预算中砍掉。SETI的搜索工作在80年代以后逐渐转入民间。今天仍然有包括“凤凰计划”在内的一批射电望远镜将寻找外星人电磁信号作为主要目标。一些巨型望远镜如波多黎各的300米口径Arecibo也将自己的巡天数据提供给致力于搜索外星文明的研究者。但是，人们至今没有发现任何迹象。这并不意味着智慧生命不存在。事实上，人类目前监听地外无线电波的能力还很弱。即使Boyajian星上确实存在巨大的智能建筑，他们维持通信所需要的功率也并不会太大。考虑到Boyajian星距离地球1000多光年，即使那里真的存在地外文明，他们的电磁波通信信号也很难被地球上的无线电监听系统探测到，除非Boyajian星上的文明正好将他们最强功率的发射器对准了地球。

费米悖论
和德雷克公式

因为地球的接收能力有限，要想监听到地外文明的无线电信号，我们要求这个地外文明必须距离地球不太远。换句话说，我们在有生之年找到一个地外文明的概率和地外文明在银河系中的密集程度紧密相关。

银河系中存在着上千亿颗恒星。假设这些恒星中只有1%拥有一颗行星，再假设行星拥有智慧生物的概率只有1‰，那也意味着银河系中存在着100万颗文明星球。可这些文明星球都在哪里呢？

这个诘问有时候被称为“费米悖论”，是著名物理学家恩利克·费米（Enrico Fermi）在1950年的一次午饭闲聊时提出的。费米和同事们开始讨论能否在不久的未来探测到外星生命的来访。

费米粗略地估算了银河系和宇宙中的恒星的数目，问出了著名的问题：“它们都在哪里？”他指出，只要宇宙中的这些恒星中的一小部分发展出智慧生命，那么宇宙中的文明也应该不计其数。也许我们在历史上已经多次被外星生命访问，除非有什么原理上的困难阻止星际旅行成为现实。

费米悖论的另一种形式由计算机之父约翰·冯·诺依曼（John von Neumann）阐述。冯·诺依曼认为高等发达的文明可以制造一种有自我复制能力的机器人，他们将这些机器人发射到太空中，遇到合适的环境，这些机器人就可以大量地自我复制，然后再次踏上旅途。考虑到银河系的半径只有区区10万光年，而年龄超过100亿年。即使冯·诺依曼探测器的速度只相当于“旅行者号”，它们扩散到整个银河系所需要的时间也远远小于银河系的年龄。可为什么它们还没有扩散到地球来呢?

地外文明研究中的旗帜性人物是弗兰克·德雷克（Frank Drake），他从1960年就开始利用美国绿岸望远镜搜索地外文明，到今天已经50多年。德雷克最重要的贡献之一是提出了一个著名公式来估算银河系中存在智慧生命的星球数目。这个数目应该是银河系内恒星总数乘以一系列概率：1.恒星恰好拥有行星系统的概率；2.行星系统中恰好有行星可以产生宜居环境的概率；3.宜居行星产生生命的概率；4.生命发展到智慧阶段的概率；5.智慧生命持续发出电磁信号的时间占行星寿命的比例。德雷克公式的具体形式并不重要，它有多个不同的版本。公式的重要性在于指出了估算地外文明数目的分治式方法：将一个概率问题分解成一系列概率问题。

天文学家对银河系的恒星的总数有比较确定的估计，大约是1000亿颗。但这不是银河系内所有形成过的恒星的总数。有些质量很大的恒星早已经在历史上死亡。

行星系统的搜索在近年来有了极大的进展。在早期的研究中，大量发现的行星是气体巨星，研究者一度对适合生存的地外行星数量比较悲观，而开普勒卫星大大扩展了我们对于地外行星的认识。目前，人们在恒星中发现行星的概率大约是10%，但这个数字应该比真实存在的行星数目要小得多，因为很多小质量的行星产生的观测效应很小，没有办法观测到。从理论上说，恒星在形成过程中有很大概率形成气体盘，进而演化出行星系统。我们目前可以乐观地把德雷克方程的第一个因子设置为100%。

行星系统拥有宜居环境的行星的概率比较难以估算。对太阳系来说，地球无疑是在宜居带内，火星和金星则恰好在宜居带的边缘。后两者在历史上确实曾有过适宜生命存在的环境，所以对太阳系来说，第二个因子应该为3。如果我们乐观地认为每一颗恒星都恰好有至少一颗行星处于宜居带，那么第二个因子应该也大致等于1。然而，我们几乎可以肯定这是高估了概率。不是所有的行星系统都和太阳系一样友好。《三体》小说中的三体恒星系统就因为不稳定的三体运动而使得行星无法长期适宜居住。有的红矮星虽然有处于宜居带的行星，但这些行星往往处于潮汐锁定的状态，一面总是朝向主星受到阳光的加热，另一面则是永夜。这样的行星拥有适宜生命存在的环境的概率显然要比一颗类似太阳的恒星低很多。

条件适宜的行星是否一定能够发展出生命？这是米勒实验试图回答的问题，我们看到至少在条件适宜的情况下，复杂有机分子是可能产生的，但生命是否一定能孕育还是未解决的谜团。而生命向智慧生命的演化则更加不确定。如果6500万年以前，小行星没有撞击地球，恐龙没有灭绝，人类也许仍然没有机会统治这个星球。

最后，最不确定的就是文明存续的时间。如果将地球诞生到今天的时间缩短到一天，生命诞生大概是凌晨4点发生的，有性繁殖生物出现在下午6点，恐龙在晚上11点登上历史舞台，但不久就将世界交给了哺乳类动物。而人类文明在这个世界上只不过出现了不到1分20秒，而这一分钟里的大部分时间，人类都生活在科学落后的时代，没有能力发射电磁信号。地球上的文明就是这么短暂的存在。我们不知道地球是不是宇宙中的特例，也许文明的速率极大地依赖于生物自身的结构。

地球的寿命的估算则相对容易，它大致和太阳的寿命等同。太阳已经存在了50亿年，还将继续存在50亿年，之后它会演化到红巨星阶段，膨胀并且吞噬地球。然而大多数地球人并不担心这一天的到来，因为大多数足以毁灭人类文明的灾难，肯定比太阳死亡来得更早。

现在，让我们结合德雷克公式来考察一下费米悖论。我们很容易厘清，有两类原因会使得银河系中缺少地外文明。第一个可能是：地球环境是独一无二的，有某种因素使得只有地球上才能发展出文明。这意味着德雷克公式的2、3、4三个因子中的某一个或者某几个应该显著小于1。

第二个可能是：智慧生命的存续时间非常短暂。如果我们假设2、3、4三个因子的乘积在10%左右，也就是任何一颗恒星都有10%的可能性发展出智慧生命，那么银河系中的文明数目就完全取决于最后一项。如果我们认为地球上人类文明拥有无线电发射能力的时间可以持续1000年，考虑到太阳的寿命大约是100亿年，那么最后一项的数值应该是一千万分之一。而德雷克公式给出的文明星球数目将会是1000（德雷克自己预计的数目也是1000）。考虑到人类的电磁波探测能力，如果银河系中只有1000个星球可以进行电磁波联络，那么我们至今在银河系中还没有找到它们就显得不那么奇怪了。

现代化的文明社会是否真的只能够存在1000年？是否有某种难以逾越的障碍在前方等待着人类？我自己有一种不成熟的猜测：所有的文明都试图获得更多的能源，主动或者被动地向着更高级别的文明进化。然而文明进化到一类文明状态，就意味着它们必然掌握了核聚变技术，而这又意味着它们获得了毁灭自己星球的能力。只要文明依然将自己的基地建立在一颗星球上，核毁灭的利剑就悬在它们的头上。只有很少的文明最终能够离开星球，进入太空成为二类文明（例如以戴森球的形式）。从掌握无线电通信能力到掌握核聚变，人类只用了50年。而今天距离人类最终掌握可控核聚变到进入太空，成为在多个星球上生存的生物，可能仍需要数百年的时间。在这中间的时间都是人类文明的危险期。也许大多数的地外文明都在危险期中毁灭，只有少数迈向了星辰大海。

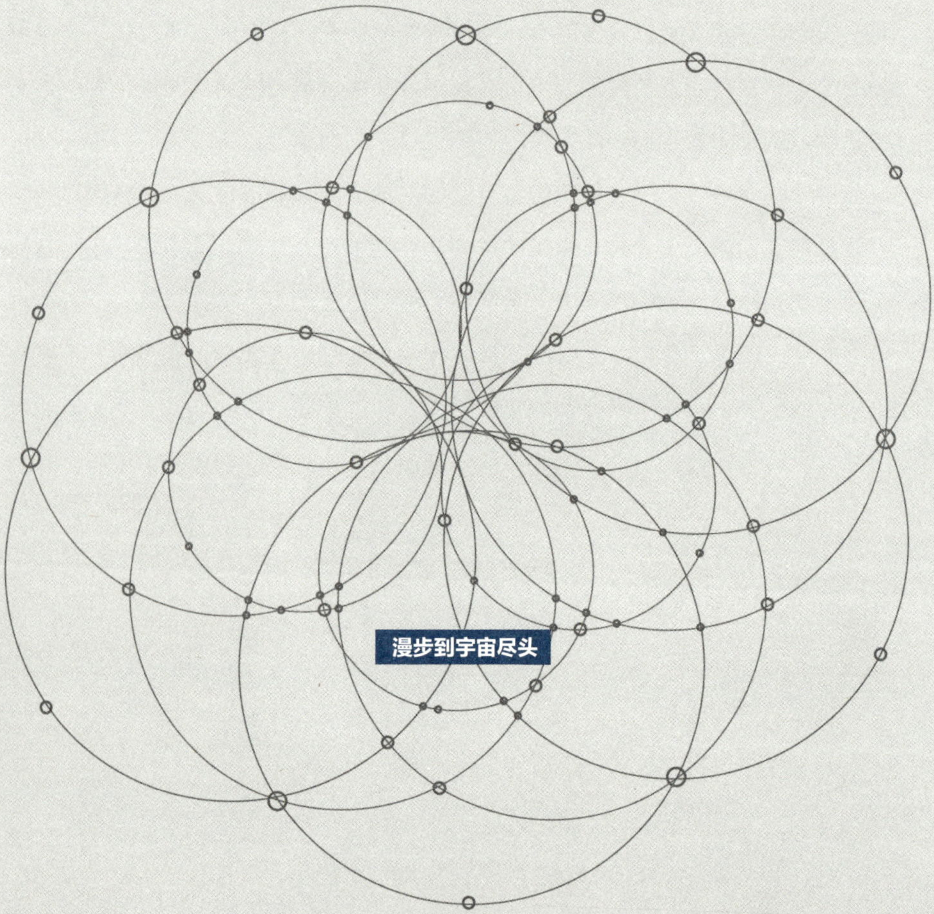

漫步到宇宙尽头

第十三站
黑洞、虫洞和高维世界

太空移民和光速极限

我常常思考人类将会如何开始太空移民。我猜想移民的形式可能有点像智人走出非洲的过程。智人可能早在13万年前就离开非洲，通过埃及和西奈群岛进入欧亚大陆。他们的迁徙并不是一场计划好航线的旅行，而是一代一代，从一个适宜的定居点到另一个适宜的定居点，慢慢地扩散开来。当一个部落的原始智人决定搬迁的时候，他们可能只携带最重要的谋生物资和武器，完全不考虑还有没有回头的可能性。交通手段的原始使得他们很快就失去了和最初家园的联系。安居下来的智人在不同的大陆上独立发展，产生了不同的人类文明。

太空移民可能会和这有些类似。人类也许会先发出探测器，侦查银河系中可移居的星球，一旦得到肯定的答案，一些勇敢的殖民者就可以开始计划星际移民。这些适宜居住的星球可能远在数十光年之外，这使得到达这些星球需要数代人的时间。所以殖民者们需要乘坐巨大的世代飞船，准备好在太空中度过自己的一生。当然殖民者们也可能选择冬眠旅行，把自己和大批人类胚胎冻得硬邦邦的，让飞船的电脑控制旅途中的一切，直到抵达目的地。

然而，太空移民和智人在地球上的迁徙有一点不同。智人在广阔的大陆上无法有效地互相联系仅仅是因为他们缺乏现代化的工具。一旦火车、电报、飞机、轮船登上了历史舞台，全球的不同文明就注定要再一次紧密地联系起来。太空移民遇到的问题则要严重得多，不同星球移民之间的沟壑是基本物理理论造成的，因为超光速的飞船和通信手段都违背了狭义相对论。

在第一部分我们讨论可观测宇宙尺度的时候，已经谈到了光速是宇宙最快的旅行速度，但我们还没有认真地说明为什么光速无法逾越，这其实有一点反直觉。在日常生活中，速度是可以叠加的。比如我可以坐在以200公里/小时速度高速行驶的高铁上，然后在车厢里顺着火车运行的方向投掷棒球。如果对于火车里的乘客，我投出的棒球速度是100公里/小时。那么对于窗外的观测者，这个棒球的速度就是火车的速度加上棒球相对于火车的速度，达到了300公里/小时。那么如果我在火车上，打开一个手电，其中发出的光束相对地面的速度难道不会超过光速吗?

在棒球实验中，我们通过简单的叠加得到了棒球相对于地面的速度。这种做法被称作“伽利略变换”。但在19世纪末，实验物理学家阿尔伯特·亚伯拉罕·迈克尔逊（Albert Abrahan Michelson）和爱德华·莫雷（Edward Morley）发现伽利略变换竟然对于光的传播不成立。不论在哪个参考系测量光速，都得到一个恒定的值，大约是30万公里/秒。换句话说，如果我们在火车上打开一个手电，无论对于火车上的乘客，还是对于窗外站在地面上的静止观测者，手电中射出的光都以同样的速度传播。

1905年，爱因斯坦在论文中阐明了“狭义相对论”。他提出一切物理规律都应该建立在两个基础上：光速不变原理和相对性原理。所谓相对性原理，就是指任何的物理规律，在不同的参照系下应该具有同样的形式。在运动的火车上的物理学家做实验得出的物理规律，不应该和地面上的物理学家得出的物理规律具有不同的数学形式。1905年的理论被称作“狭义”的，是因为爱因斯坦还没有学会处理引力和非惯性系统的问题。但在10年后，爱因斯坦终于完成了广义相对论，证明了在包含引力的情况下，相对性原理依然成立。

爱因斯坦的相对论指出，物体的运动方程在不同参考系间的转换应该使用“洛伦兹变换”而不是“伽利略变换”。但在低速运动情况下，也就是当物体运动速度远远小于光速时，伽利略变换是洛伦兹变换的很好的近似。假设我在火车上向前不断地扔出棒球，并不断加大力度，火车上的乘客可以记录棒球相对于他的速度，地面上的观测者也可以通过车窗记录棒球相对于地面的速度。在开始的时候，棒球相对于车厢的初速度并不大，对地面上的观测者来说，棒球的速度总是等于火车本身的速度加上火车上乘客记录的棒球速度。现在，假设我具有漫画中的超人的能力，可以将棒球速度以接近光速抛出，地面上的观测者就会发现，他记录的棒球速度变得和火车上乘客记录的速度非常接近，两者差别远远小于火车的运动速度。狭义相对论还显示，当棒球的速度接近光速时，它的惯性也趋于无穷。无论我有多少超级肌肉，我只能以接近光速抛出棒球，而永远无法抵达光速。在日常生活的低速世界中，我们遇到的大多数问题都不需要用相对论进行计算。但在大型粒子加速器中，基本粒子被加速到非常接近光速的程度，在这样的高速世界中，狭义相对论的预言已经被物理实验充分检验。

虫洞和曲率引擎

光速极限为人类设置了太空旅行最严重的障碍。是否有办法打破这个障碍呢？理论家事实上提出了不少奇思妙想。

第一种方案是改变旅途的长度。根据爱因斯坦的广义相对论，物质的存在会使得空间弯曲。我们在本书中曾经多次谈到过引力透镜效应。如果我们在远处的恒星和观测者之间摆上另一个恒星（不妨称作透镜天体），这个恒星造成的空间弯曲就会使得背景恒星发出的光线的旅行路线发生扭曲。在某些情况下，恒星发出的光可能会分成几路到达地球。地球上的观测者就会在天球上的不同位置都看到同一颗恒星的像。很容易想象，由于路径不同，每束光线经过的路程也有所不同。如果远处的恒星死亡，产生超新星爆发，地球上的观测者就会看到这场爆发在天空中几个不同的位置先后点亮。如果我们有能力随意地拖动大质量天体，我们就可以改变从地球到达恒星的旅途长度。但遗憾的是，无论我们如何移动作为透镜的恒星，我们都无法造出一条旅途比平坦时空中没有透镜天体时的更短路径。

所以，如果要造出空间中的捷径，我们需要更剧烈地改变空间几何。比如，制造一个常常在科幻电影中出场的虫洞。从数学上看，虫洞是爱因斯坦引力方程的一些有特殊性质的解，它可以从高维空间连接我们所在空间的两处。在电影《星际穿越》中，物理学家罗密欧生动形象地向飞船驾驶员库珀展示了虫洞的原理，他拿起一张纸来表示我们的宇宙空间，然后用一支笔在纸上的两点之间画上了一条直线。这条直线就是平坦时空中两点之间最短的旅途。罗密欧随后将纸对折起来，然后用笔"噗"的一下洞穿了纸面，这样他就造出了一个连接两点间更短的旅程。旅行者不再需要从纸面上到达目的地，而只需要从铅笔创造出的洞里穿过去。虫洞的数学形式最初在1916年由路德维希·福拉姆（Ludwig Flamm）提出，之后在20世纪30年代又由爱因斯坦本人和物理学家罗森独立发现。这种最初的虫洞形式也被称作爱因斯坦罗森桥。20世纪50年代的时候约翰·阿奇博尔德·惠勒（John Archibald Wheeler）细致地研究了福拉姆虫洞的各种性质。惠勒是量子力学大师波尔的徒弟，美国两弹计划的重要参与者，在量子力学、黑洞和致密天体物理、引力论等方面均做出了重要贡献。惠勒和霍金的老师丹尼斯·威廉·夏马（Dennis William Sciama）以善于授徒并称于世。诺贝尔奖得主理查德·费曼（Richard Feynman），因对量子电动力学的贡献获得诺贝尔奖）就是惠勒的学生。惠勒善于给各种新颖的物理概念命名，就是他提出了虫洞这个形象的名字（他也是为黑洞命名的人），因为虫洞就好像是苹果上被虫蛀出的通道。本来只能在苹果表面爬行的虫子，可以通过虫洞穿越三维空间，到达苹果的另一端。

虫洞真正成为科幻电影和小说中时空旅行的常客则要等到1985年。这一年，天文学家卡尔·萨根撰写了《超时空接触》的书稿。萨根是美国最著名的科学普及作家之一，他在书稿中试图描述超时空的穿越旅行，以便将女主角传送到26.5光年外的织女星。萨根为主角设计了通过黑洞进行时空穿越的桥段，女主角进入黑洞，1小时后出现在织女星旁的空间里。

现在，让我们稍稍偏开话题讨论一下黑洞。黑洞是物理学中最具公众知名度的概念。它以困住光线使其不能逃脱出名。人们往往将黑洞想象成威力无比的引力深渊，甚至连光线也无法逃离其吸引力。但事实上站在远处，黑洞的引力和同等质量的恒星并没有差别。黑洞真正特别之处在于它可以剧烈扭曲自身附近的时空。研究者用“事件视界”来描述黑洞的半径，在事件视界之内，空间被剧烈地扭曲，没有任何东西可以逃离黑洞。一般认为黑洞的中心是一个时空的奇点，在那里空间被极度地弯曲。同样被弯曲的还有时间。靠近黑洞视界，时间流逝会显著地变慢。在视界之内，时间被极度地弯曲，时间开始变得像是一个空间的维度。在视界内部，时间的流逝方向指向奇点。一切物体一旦进入黑洞就无法逃离，只能落向奇点。

黑洞可能在宇宙中形成吗？目前的观测证据显示，宇宙中很可能存在为数不少的黑洞。它们可能是恒星死亡的产物。

恒星的一生是热能和引力能抗争的过程。在大部分时间里，恒星核心处发生的核聚变反应可以释放大量的热能，抵御自身的引力。但当核反应停止后，引力就开始占据优势，压缩自身。这个过程被称作塌缩。当太阳的核反应熄灭，其自身引力会将太阳的残骸压缩到地球大小，变成一颗白矮星。此时的“太阳”密度比地球大100万倍，依靠电子简并压抵抗自身引力，保持稳定。更大的恒星死亡后会变成一颗中子星，由中子简并压抵御自身引力。但当一颗恒星的质量远大于太阳时，它的寿命会变得非常短暂，死亡后它的自身引力非常强大，无论是电子简并压还是中子简并压都不足以抵抗其自身的引力。这样的恒星死亡后可能会变成一颗黑洞。

星系中存在百亿颗恒星，虽然只有很小的一部分质量大得足以在死亡后塌缩为黑洞，但总数仍然惊人。研究者估计银河系中大概存在着1亿个恒星级别的黑洞，他们的质量在3～30个太阳质量之间。银河系的中心还存在一个巨大的黑洞，质量达到100万个太阳质量。巨型的黑洞是无法通过恒星演化直接形成的。今天的观测显示可能大多数的星系中心都存在这样的一个巨型的黑洞。星系演化模型认为这些巨型黑洞的种子可能是宇宙早期第一代恒星死亡后形成的。这些最初的黑洞质量在100～1000个太阳质量范围内，它们随后会通过互相合并，吸积气体慢慢长大，直到成为巨型黑洞。

没有人能够真正地看到黑洞，因为光无法从黑洞周围逃逸，但我们还是可以想办法发现黑洞。比如，黑洞可以通过X-ray观测寻找。虽然黑洞视界内部的光无法逃逸，但是当物质落向黑洞时，其巨大的引力势能会转化为热能并通过辐射向外传播。这些辐射在X-ray波段非常明亮，常常被作为寻找黑洞的指针。再比如，很多黑洞和恒星相互绕转，构成双星系统。研究者可以测量恒星的运动，从而推测另一颗黑暗天体的质量。用这种方法找到的黑洞最著名的是天鹅座X-1。著名物理学家霍金和基普·索恩（Kip Thorne）曾经争论这个天体是否为黑洞，并定下赌约。最终，坚信黑洞存在的基普·索恩获胜。因为在后续的观测中，根据它伴星的运动，研究者推断这个黑暗天体的质量达到了15倍太阳质量。在这样的质量下，这个致密天体必然无法抵御自身引力，一定早已塌缩成为黑洞。

无疑，黑洞可以剧烈地扭曲时空，但它是否足以在空间中打开一个供旅行者穿越的洞呢？萨根有点拿不定主意，他将书稿寄给了他的朋友——研究相对论的专家，加州理工大学的教授基普·索恩（Kip Thorne）。基普·索恩的博士导师正是约翰·惠勒，他一生的研究集中在引力论和量子引力论领域，尤其在黑洞领域贡献良多，同时他还是世界上最重要的引力波探测计划LIGO的奠基人和早期领导者。索恩在阅读书稿后，很快就发现时空穿越的桥段出了问题，因为黑洞的中心是引力的奇点，潮汐力趋向无穷大，任何落入黑洞的物体，最终都会在奇点附近被撕得粉碎，而没有活着穿越到时空另一处的可能。但索恩并没有就此回复给萨根否定的答案，而是开始思考利用虫洞，进行超空间旅行的可能性。

正如我们前面讨论的，虫洞是从高维度连接空间中两点的捷径。而且某些虫洞中的潮汐力比较温和，可以让旅行者顺利地通过。可虫洞作为空间隧道有一个巨大的问题，它会在创生后迅速塌毁、消失。这个过程非常短暂，任何旅行者都无法及时通过虫洞。在度假的途中，索恩想出了解决的方案。他发现，如果在虫洞中注入奇异物质，即负能量或者负质量的物质，就可以保持虫洞稳定张开。

需要明确地指出，负质量的物质和反物质在概念上是不同的。反物质粒子和对应的正物质粒子具有完全相同的质量，只是电荷符号相反。当反物质和正物质碰撞时，会发生湮灭现象。负质量物质则是指产生负引力的物质，负质量物质和正质量物质之间的引力是排斥性的而不是吸引力。

如何获取奇异物质？目前人们没有发现任何一种基本粒子具有奇异物质的特性，但在实验室里，研究者可以利用两块靠得极近的金属板之间的卡西米尔效应造出一点点负能量。

即使科学家造出了大量的奇异物质，人们也不知道如何造出一个虫洞。索恩认为，比较可能的方式是静静地等待虫洞出现，再想办法用奇异物质稳定它、扩展它。惠勒的研究显示在极小的普朗克尺度上，空间很可能发生剧烈地涨落，呈现出所谓的量子泡沫形态。在量子泡沫中，虫洞可能不断联通，又不断地消逝。极度发达的文明，也许有办法从量子泡沫中挑出适合的虫洞，将其扩展为一个可供通行的隧道。

另一个“打败光速”的旅行方案涉及操控空间的膨胀，例如使用《星际迷航》和《三体》中提及的曲率引擎。我们知道所有的星系都在远离银河系，这是因为宇宙的空间在膨胀。距离我们越远的星系，退行的速度就越快。因为这种退行完全是由空间变化造成的，所以不受到光速的约束。只要星系距离我们足够远，它的退行速度完全可以超过光速。需要指出的是，这个事实和狭义相对论中光速不可超越并不矛盾。后者的结论是在不考虑时空弯曲的情况下做出的。

假设我们可以随意操控时空，让它不均匀地膨胀，也许就有可能使得飞船超过光速前进。1994年，英国威尔斯大学研究所的米给尔·阿库别瑞（Miguel Alcubierre）提出了曲率引擎的一种理论模型。他指出可以构造一个时空气泡，使得前进方向的时空紧缩，而使得反方向的时空膨胀，从而达到曲率引擎的效果。这个气泡有点像是在时空中划动的小船，只是它并非拨动水面，而是拨动时空。一旦气泡建造完成，飞船只需要待在气泡中，就可以随着气泡一同运动了。然而阿库别瑞的时空气泡有一个特点，那就是它不允许飞船驾驶员对气泡的前进方向做任何的调整。一旦建造完成，气泡只会在固定的航线上运行，从这个意义上讲，它更像是一列火车。建造时空气泡同样需要大量的负引力奇异物质。比利时科学家布卢克（Chris Van Den Broeck）计算显示，建造一个时空气泡，至少需要数倍于太阳质量的奇异物质。这显然远远地超过了人类的能力。

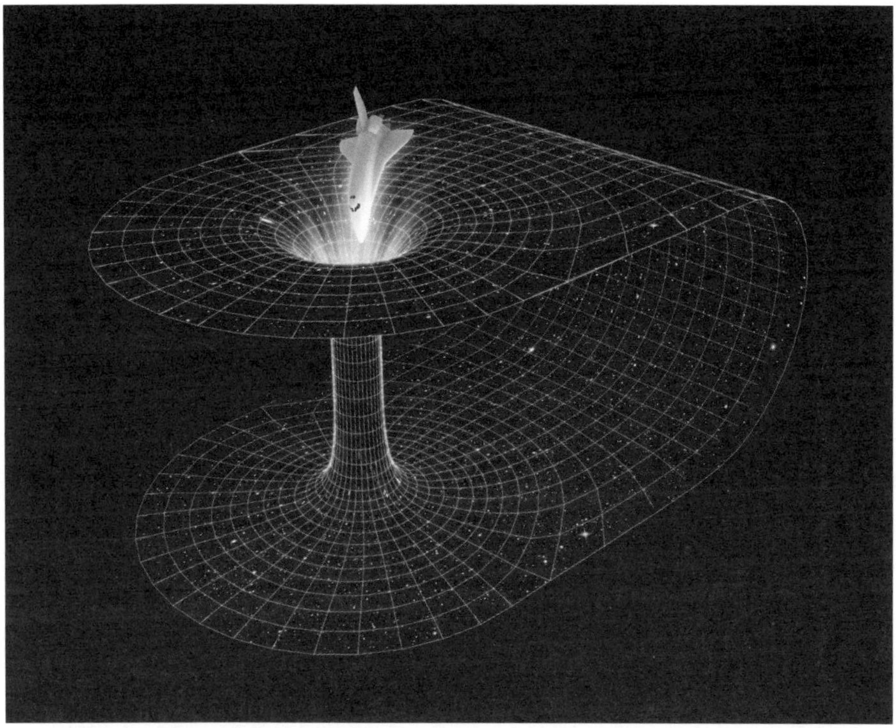

图13.1 虫洞的艺术图示

高维生命和时间机器

即使是虫洞旅行方案的提出者索恩也非常怀疑虫洞是否真的能稳定地存在。在他参与制作的电影《星际穿越》中，他将利用虫洞的希望寄托在了极其发达的高级地外文明“他们（they）”身上，“他们”在电影设定中是存在于更高维度的生命，可以利用高维空间的力场维持虫洞的稳定。

什么是高维？当我们谈到黑洞的时候，我们提到黑洞的引力会剧烈地扭曲其附近的空间。如果将空间想象成一张橡皮膜，被黑洞扭曲后的空间就有点像是橡皮膜上放了一块重物的样子。在现实生活中，橡皮膜是在三维的空间中弯曲。那么黑洞附近的空间是向哪里弯曲呢？弯曲的空间似乎自然地要求存在额外的维度。理论物理学家们有时会将我们所在的四维时空称作世界膜，它镶嵌在一个更高维度的超体（bulk）中。

人类是三维空间的生物，很难在直觉上理解四维空间的样子，但我们可以从低维度世界的现象中获取一定的经验。我们可以想象一下一个生活在二维世界的二维人。在他的经验中，世界只有前后和左右两个维度。如果一个三维的球体，正好穿过这个二维的世界。二维人会在他的世界里看到一个圆。他可以围着圆走一周，测量这个圆的周长，但是他无法直观感知球体的体积。在球体穿过二维平面的整个过程中，二维人会看到一个圆出现，变大，再变小，最后消失。通过类比，我们可以想象一个四维的球体穿越三维空间的情景——我们会看见一个三维的球体出现——变大——再次变小直到消失。

当我们说到“看到”的时候，实际上并不严谨。理论物理学家认为，我们所在世界膜中的核力，弱相互作用力和电磁力都不能够离开三维空间进入高维。在三维空间，当我们用一束光（也就是电磁波）照射物体时，我们可以通过反射的电磁波看到这个物体。但是四维世界的物体既不能反射电磁波，也不会发射电磁波，我们根本无法看见它。唯一被认为能够和在高维度空间的物体相互作用的力是引力。当一个四维的物体穿过我们的世界时，我们只能通过它的引力效应感知到它。在电影《星际穿越》中，库珀和布兰德教授领导的NASA团队都注意到了各种引力异常现象，这就是高维文明在帮助地球人的过程中引起的引力效应。

然而更高的空间维度和前3个维度有很大的不同。在我们的三维世界里，引力定律是平方反比率。距离太阳是地球两倍远的星球，感受到的太阳引力只有地球的1/4。然而如果世界有第四个平直的维度，那么引力场的强度就会随半径的三次方下降。如果真是这样，木星、土星都无法被太阳的引力束缚，而是会逃逸出太阳系。人类对太阳系的观测，已经充分地证明了引力随距离的平方反比关系。因此，新的维度不能随意地添加。但理论物理学家相信高维度空间确实存在，只不过他们在微观尺度上卷曲，而这种卷曲可以避免引力场过快发散的问题。事实上，弦理论研究者认为宇宙可以存在11个维度，我们生活在三维空间加一维时间中，其他的7个维度都卷曲得很小。

谈到高维文明，在电影《星际穿越》中，库珀和阿梅莉亚将其称作“他们（they）”。“他们”从未在电影中正面出现，但是“他们”移动了虫洞，使得地球人类前往围绕黑洞卡刚都亚的行星。

为什么他们要帮助人类，电影中库珀猜测“他们”实际上就是未来的我们。在未来某个时间，人类文明高度发达，最终进入了高维空间。阿梅莉亚则猜测，在高维空间中“他们”不但可以在空间维度上移动，还可以在时间维度上自由移动：“他们是五维的生命。对他们来说，时间也许只是另一个物理存在的纬度。对他们来说，过去也许只是一个他们能够跋涉进入的峡谷，而未来是一座他们可以攀登上的山峰。”从阿梅莉亚的这段台词来看，即使“他们”是人类未来的发展阶段，但也已经在身体构造上（如果他们还有身体）和人类完全不同。而在电影中，他们之所以不能和人类直接交流，也许是因为进入四维空间后，他们不再能控制三维空间中的力场，除了引力。所以他们只能让库珀去完成传递信息的使命。

如果不借助电影中的高维生命，时间旅行是可能的吗？

原则上，通向未来的时间机器比较容易制造。爱因斯坦的相对论有一个有趣的预言，高速运行的物体的时间会膨胀。虽然我们还没有办法造出光速的飞船，但科学家可以用大型粒子对撞机将基本粒子的速度加速到非常接近光速。一些不稳定的粒子，在高速运动的时候，衰变时间大大地增加了，和相对论的预言完全相符。

如果有一艘飞船以非常接近光速的速度离开地球，地球上的观察者就会发现，飞船上的时间流逝非常缓慢。对飞船上的宇航员来说，他们不会感到自己的时钟流逝有任何变化，但他们会发现自己到达目的地的距离缩短了。如果飞船的速度接近光速，宇航员甚至可以在很短的时间里漫游银河系，但当他们回到地球时，发现地球上的时间已经过去了几十万年。所以，驾驶员通过控制飞船的飞行距离，可以通往未来的任何一个时刻。

但光速飞船并不是一般意义上的时间机器，因为乘客在时间方向上的旅行是单向的，一旦飞到未来，就无法返回现在。基普·索恩曾经设想过结合光速飞船和虫洞来制造时间机器。

他们假设一个超级文明可以自由地移动虫洞的端点。那么首先，他们可以造出一个虫洞，洞口的一端在你家的后花园，另一端在外星人的飞船上。外星人可以用飞船以接近光的速度带着虫洞的一个端点飞离地球而不影响虫洞两端点的距离。在这个过程中，飞船上的时间的流逝变得缓慢，当飞船再次飞回地球时，虽然外星人的时间只流逝了几个小时，但地球上的时间可能已经过去了数千年。在这个过程中，外星人只是移动虫洞洞口的位置，而没有改变虫洞内部通道的距离，虫洞内部的时间流逝就会保持和地球上的时间一致。这样虫洞的两侧就出现巨大的时间差。如果外星人通过飞船上的虫洞进入你家的后花园，就会回到地球的过去。

这样的虫洞是否可以实现？

物理学家们仍在争论。一个主要的问题是量子涨落可能会通过在虫洞中不断地穿行而增长到无穷大，毁灭虫洞。

霍金证明了虫洞作为时间机器的稳定性问题是属于量子引力领域的问题。

而对后者，人们仍然知之甚少。基普·索恩自己事实上也不太看好虫洞作为时间机器的可行性，在《星际穿越》的电影中，关于时间旅行的规则事实上是导演克里斯多夫·诺兰设定的——仅有高维生命才能在时间中旅行。

假设时间机器真的存在，我们会发现时间旅行可能会和因果律[1]矛盾，造成无法理解的悖论。这种悖论有很多种叙述形式，最出名的如 “祖父悖论”：一个人是否可以乘坐时间机器回到过去杀死自己的祖父？如果祖父被杀死了，那么这个人的父亲就无法出生，这个人也就无法存在于未来的时空。这样一来，他又如何回去杀死自己的祖父呢？很多电影或小说中会使用所谓的香蕉皮机制来预防这种事情的发生，这个假设认为宇宙定律总会防止时间旅行者破坏因果律。例如，当时间旅行者想要杀死祖父的时候，总会不小心踩到香蕉皮而失败。然而香蕉皮机制本身和因果悖论一样难以理解。要想阻止电影里的时间旅行者，编剧可以让他踩上香蕉皮，也可以让他踩上西瓜皮。但在真实宇宙中，是谁决定了时间旅行者究竟应该踩上哪一种水果皮呢？又是什么决定了他踩上香蕉皮的时间？

祖父悖论也可以有另一种解释，即如果时间旅行可以实现，它也许真的可以改变整个宇宙，但这种改变不会传导到旅行者自身，因为改变后的宇宙是一个全新的宇宙。

我们可以想象一个高度发达的文明，可以在计算机中模拟整个宇宙的演化，这个计算机中的宇宙允许时间旅行者完全可以回到过去，这相当于整个计算模拟从过去的某一点重新进行。这个宇宙允许时空旅行者回到过去，杀死自

1. 因果律：指所有事物之间最重要、最直接（可以是间接）的关系。

己的祖父，然后在被改变的时空中继续生活。在这个宇宙后续的演化中，旅行者的父亲从没有出生过，他自己也没有进行过时间旅行。如果计算机中对旅行者原先的时空有存档，时空旅行者也可以回到自己原来的时空。那个时空中完全不受到旅行者杀死祖父的事件的影响，一切也都没有改变。

需要提醒读者，以上讨论的想法仅仅是处于理论探索的初级阶段，甚至只是一些大胆的猜测，并且在可见的未来完全无法实现。黑洞和时空弯曲的种种细节足以支撑写一整本书来专门探讨，我推荐感兴趣的读者们继续阅读基普·索恩的《黑洞与时间弯曲》（*Black Holes and Time Warps*）。

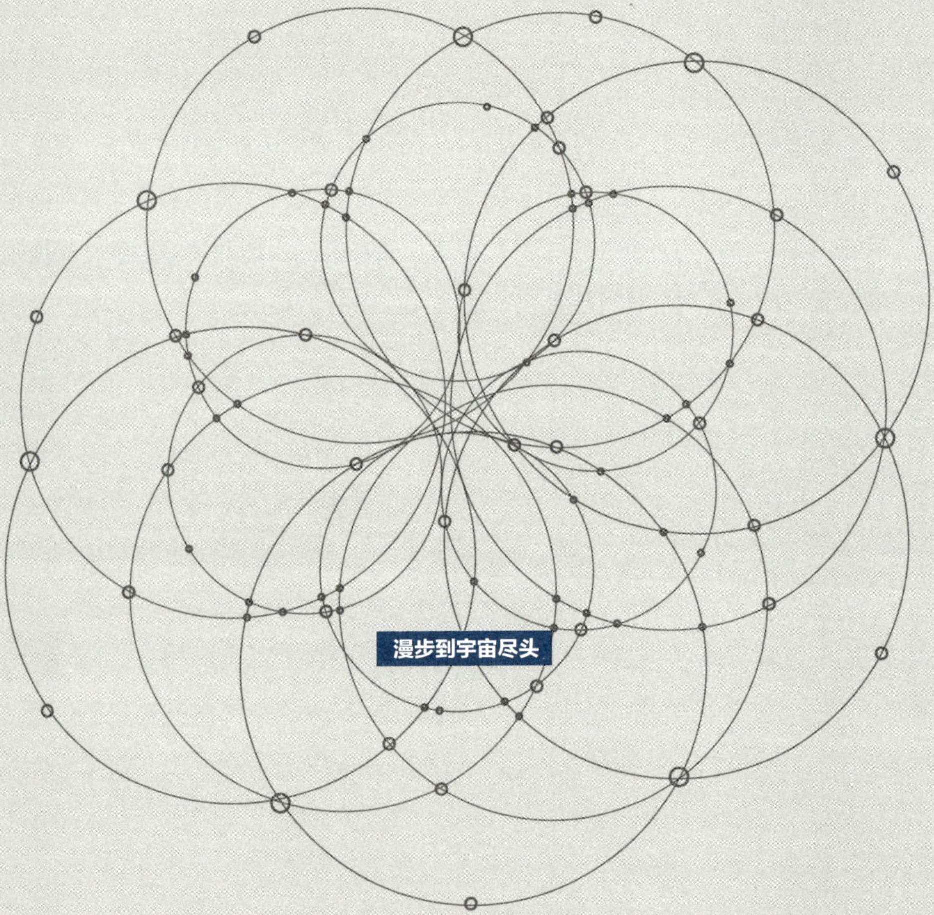
漫步到宇宙尽头

第十四站
来自遥远时空的引力波

R o a m i n g   T h e   U n i v e r s e

在电影《星际穿越》中，布兰德教授在土星附近发现了虫洞。这是电影中星际移民计划实现的前提。电影中的那个虫洞很小，如果不是事先知道，从地球上很难发现。布兰德教授是如何找到它的？电影中并没有提及，但在电影的科学设定书中，电影的科学顾问基普·索恩认为布兰德教授的信息来源是引力波。

在《星际穿越》的科学设定中，布兰德教授在某一天突然从LIGO（Laser Interferometer Gravitational-Wave Observatory，激光干涉引力波天文台）的探测数据中发现了强烈的引力波信号，而这个信号居然来自土星方向。引力波并不是虫洞产生的。按照电影的设定，这个引力波信号实际上来自虫洞另外一端相互紧密绕转的一对中子星和黑洞，它们的引力波部分通过虫洞传播到了地球。

什么是引力波？当两个天体互相绕转的时候，它们的引力对空间的扭曲会随时间变化。如果有人在水池中央搅动水面，水面的变化会以波动的形式传向四方。类似地，相互绕转的天体造成的空间变化也会向各个方向传播开来。这种由引力场变化造成的空间波动就是引力波。引力波是爱因斯坦相对论的重要预言，但在相对论发现后100年间，引力波都没有被直接探测到。

1974年，美国马萨诸塞理工学院阿莫斯特分校的教授约瑟夫·胡顿·泰勒（Joseph Hooton Taylor）和拉塞尔·艾伦·赫尔斯（Russell Alan Hulse）利用位于波多黎各的阿雷西博射电望远镜第一次发现了一对互相绕转的脉冲星。在经过了长达30年的监视后，泰勒发现这对双星的距离竟然在逐渐缩短。为什么？泰勒想到了引力波。就好像电磁波会携带电磁能，引力波也携带着能量。绕转的双星不断地发射引力波，会使得它们自己的引力势能减少，从而越靠越近。泰勒观测到的双星距离缩短速率精确得和广义相对论预言符合（精度也好于

1%），泰勒和拉塞尔的发现被认为是引力波存在的重要证据，他们因此获得了1993年的诺贝尔物理学奖。

我们可能直接探测到引力波吗？在写作这本小书的最后阶段，LIGO引力波探测器确实第一次探测到了引力波。整个科学界为之轰动，因为爱因斯坦理论的最后一块拼图被完善了。

这次观测到的引力波事件，是由一个36太阳质量和一个29太阳质量的黑洞在合并过程中发出的。合并后的黑洞质量为62太阳质量，说明有3个太阳质量的能量以引力波的形式放出（误差0.5太阳质量）。

这个引力波源远远在银河系之外，距离我们差不多是13亿光年（红移0.09）。比较一下的话，这个距离差不多是我们到最近的星系团——室女团距离的20多倍，是银河系直径的16,000倍。

整个引力波观测过程为0.4秒，其中双黑洞合并的一瞬间只有0.05秒。双黑洞合并几乎在一瞬间就将与3个太阳质量等效的能量以引力波形式发射出去，功率顶峰高达200太阳质量/秒。这相当于全宇宙恒星功率和的50倍。所以虽然我们看不见，甚至很难感觉到，但是引力波确实是宇宙中强大的能量事件。

LIGO是如何直接探测到引力波的呢？引力波本质上是空间的形变在传播。如果引力波传到地球，我们会在一个方向上被拉伸，在另一个方向上被挤压。LIGO计划就是要测量这种效应。LIGO有两条长臂，相互垂直。每条臂长达4公里。LIGO的长臂实际上是高度真空的长管。在每条长臂的两端悬挂着直径为34厘米的反射镜，LIGO探测器利用激光干涉，不间断地测量每对反射镜之间的距离。当引力波传过探测器时，人们会探测到这两对反射镜之间的距离呈现此消彼长式的周期变化。LIGO探测器一共建成了两座，分别位于美国的华盛顿州和路易斯安那州，两地相距3000千米。当引力波以光速传播时，如果一束引力波扫过地球，两座LIGO探测器探测到信号的时间将有10毫秒量级的时间差。精确测量这个时间差可以帮助研究者确定引力波发出的方向。

但是引力波是非常微弱的，因为相比其他3种力（强力、弱力、电磁力），引力的强度是最弱的。LIGO希望探测到的典型事件是双黑洞合并。如果两个10太阳质量的双黑洞合并，其发出的引力波扫过LIGO 4公里的长臂，造成的改变只有10^{-18}米量级。也就是说，在4公里的长度上，引力波造成的长度改变只有质子直径的1/1000。2002年，LIGO建成并开始运行，在其后的10年间，LIGO没有探测到一起确定的引力波事件。当时，一些科学家相信引力波信号已经存在于观测数据中，只是研究者尚无力将其从噪声中分离。

从2015年9月开始，LIGO的升级版本Advanced LIGO开始运行，并于2016年1月结束了第一阶段的运行。Advanced LIGO的探测灵敏度超过LIGO10倍。LIGO的最初设计是希望探测到室女星系团内（也就是银河系所在的星系团，大约5000万光年内）的双中子星。而Advanced LIGO有能力观测到10亿光年内的双中子星引力波。如果引力源是即将合并的双黑洞，Advanced LIGO的探测范围可以达到50亿光年。升级版的LIGO探测到引力波事例的概率超过LIGO最初版3000倍。

研究者正在计划将引力波探测器搬到空间中，以使得引力波探测器的臂长可以大大扩展，从而探测到波长更长的引力波（低频引力波）。地面的引力波探测器只能够探测到非常接近的双星系统，而空间项目可以大大地弥补这一不

图14.1 LIGO探测器。读者可以看到其相互垂直的双臂。每条臂长4公里。来源LIGO官方网站

足。eLISA项目计划将3个探测器升入太空。它们将成等边三角形状，两两相距100万公里，不断地利用激光干涉测量彼此间的距离。中国目前也致力于制造类似的探测设备。

在电影《星际穿越》中，由于植物枯萎病在地球蔓延，人类的科研经费已经被削减得所剩无几。在那个平行世界里，eLISA永远无法获得升空的机会，但好在布兰德教授还有LIGO，他最终捕获到虫洞的出现。

在现实的世界中，引力波探测也遭遇了同样的问题。eLISA的原版LISA项目事实上比eLISA更加强大，探测臂长达到500万公里，由美国航天局和欧洲航天局共同建造。但是2011年由于财政预算被奥巴马政府缩减，NASA退出了LISA的建造，这造成了项目的大幅缩水。引力波在过去的10年间探测困难的境况使得相关项目在各种预算竞争中处于不利地位。Advanced LIGO的成功将给其他的引力波的项目（如空间项目eLISA、中国的天琴计划、Pulsar timing array）注入一剂强心药。

在2014年《星际穿越》上映的时候，引力波仍然是一个尚存于科幻与科学边缘的概念。如今，随着引力波探测器的升级，它已经变成了科学的研究对象，这距离爱因斯坦建立广义相对论已经过去了整整100年的时间。

引力波的探测将大大加强我们对于引力的理解。不同于其他3种力可以在实验室中进行研究，引力的研究非常困难。在我们日常接触的大多数领域，广义相对论效应并不明显。我们至今只能通过天体运动、光线弯折等有限的方法研究引力。而这些方法仍然只能探测较弱的引力场，远远触及不到黑洞视界附近最为扭曲的空间。而引力波探测将打开一扇新的窗，帮助人们了解空间最扭曲部分的动态变化——这种动态过程也被称作空间的几何动力学过程——使人们以前所未有的精度理解广义相对论（或者证伪它）。

在本书中，我们讨论了大量仍然在概念阶段的科学技术——核聚变引擎、反物质飞船、光帆探测器，甚至是时间机器和曲率引擎。我想，在下一个百年里，这些概念仍然只会有少数取得进展，但这就是科学技术的演进方式，始于奇思妙想，终于坚实的实验。但如果这些有趣的想法中有一个进入了现实，就将对人类文明的发展起到极大的推动作用。

图14.2 双黑洞系统发射引力波的艺术示意图

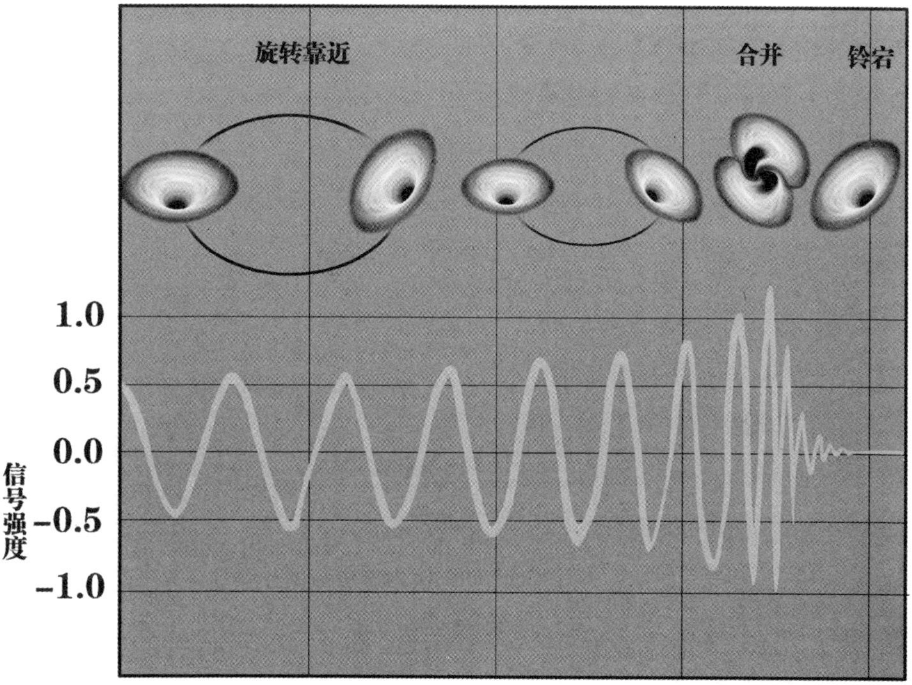

图14.3 上半张图的上半部分是黑洞合并的过程。绕转、渐进、合并产生变形的黑洞，直到黑洞形变消失。下半部分的震荡曲线显示了相应的LIGO观测信号。信号开始被观测到时，黑洞之间的相对速度是0.3倍光速。到合并前已达到0.6倍光速

图书在版编目（CIP）数据

漫步到宇宙尽头 / 李然著 .— 长沙：湖南科学技术出版社，2017.5
ISBN 978-7-5357-9236-5

Ⅰ.① 漫… Ⅱ.① 李… Ⅲ.① 宇宙－普及读物 Ⅳ.① P159-49

中国版本图书馆 CIP 数据核字（2017）第 056204 号

上架建议：畅销·科普

MANBU DAO YUZHOU JINTOU

漫步到宇宙尽头

作　　者：李　然
出 版 人：张旭东
责任编辑：林澧波
监　　制：毛闽峰　赵　萌　李　娜　刘　霁
特约策划：郑中莉　沈可成
特约编辑：马玉瑾
营销编辑：贾竹婷　雷清清
封面设计：天行云翼·宋晓亮
内文版式：利　锐　潘雪琴
内文插图：知更鸟
出版发行：湖南科学技术出版社
（湖南省长沙市湘雅路 276 号　邮编：410008）
网　　址：www.hnstp.com
印　　刷：三河市中晟雅豪印务有限公司
经　　销：新华书店
开　　本：700mm × 995mm　1/16
字　　数：210 千字
印　　张：19.5
版　　次：2017 年 5 月第 1 版
印　　次：2019 年 2 月 1 版 3 次
书　　号：ISBN 978-7-5357-9236-5
定　　价：48.00 元

（若有质量问题，请直接与本社生产服务中心联系调换）